网络综合布线技术

韦汝贵　林志芳　主编

北京工业大学出版社

图书在版编目（CIP）数据

网络综合布线技术 / 韦汝贵，林志芳主编．— 北京：北京工业大学出版社，2020.4（2022.1 重印）
ISBN 978-7-5639-7396-5

Ⅰ．①网… Ⅱ．①韦… ②林… Ⅲ．①计算机网络—布线—中等专业学校—教材 Ⅳ．① TP393.033

中国版本图书馆 CIP 数据核字（2020）第 076060 号

网络综合布线技术

WANGLUO ZONGHE BUXIAN JISHU

主　　编：韦汝贵　林志芳
责任编辑：刘连景
封面设计：点墨轩阁
出版发行：北京工业大学出版社
（北京市朝阳区平乐园 100 号　邮编：100124）
010-67391722（传真）　bgdcbs@sina.com
经销单位：全国各地新华书店
承印单位：三河市明华印务有限公司
开　　本：710 毫米 ×1000 毫米　1/16
印　　张：10.25
字　　数：205 千字
版　　次：2020 年 4 月第 1 版
印　　次：2022 年 1 月第 2 次印刷
标准书号：ISBN 978-7-5639-7396-5
定　　价：52.00 元

前　　言

随着网络综合布线技术的发展，职业学校的网络综合布线教学存在的主要问题是传统的教学内容知识陈旧，与发展迅速的网络综合布线技术的差异加大。同时，传统教学中实际操作的内容比较少，不能很形象地教授网络综合布线的设计、施工、测试验收等操作方法。

本教材主要内容如下。

课程准备：网络综合布线系统概述，阐述网络综合布线系统组成及建设步骤。

项目一：综合布线系统的规划与设计，介绍综合布线系统需求分析，制作综合布线系统图、施工平面图、信息点点数统计表、材料预算表、机柜安装大样图、端口对照表、施工进度表等内容。

项目二：工作区的布线施工，介绍工作区布线施工的操作方法。

项目三：楼层水平区域的布线施工，介绍楼层水平区域布线施工的方法。

项目四：楼层配线间的布线施工，介绍楼层配线间布线施工的方法。

项目五：楼层干线的布线施工，介绍楼层干线布线施工的方法。

项目六：建筑群主干光缆的布线施工，介绍建筑群主干光缆布线施工的方法。

项目七：设备间的布线施工，介绍设备间布线设计与施工的方法。

项目八：测试与验收综合布线工程，介绍工程测试与验收的主要内容。

项目九：综合布线系统的维护和故障诊断，介绍几种常见故障的现象及解决办法。

对本教材各项目结构设计说明如下。

项目背景：指出本项目的必要性，为什么要做该项目。

能力目标：列出本项目的技能应用目标，通过阅读能力目标，使学生对本项目学习目标更加明确。

项目说明：介绍本项目要求完成的内容，通过阅读项目说明，使学生对项目内容有个初步了解。

任务：每个任务开始之前，要列出任务目标和任务说明，之后根据任务需要，给出任务相关知识、实现步骤和拓展提高的内容。

小结：当每个项目完成后，都对项目进行总结，帮助学生提炼并总结所学技能。

实训：为了巩固学生所学技能，列出与该项目相关的实训，让学生进行技能训练，达到提高技能的目的。

本教材学习的总课时为 108 课时，其中教材基本内容讲解 32 课时，技能应用实操训练 76 课时。建议在网络综合布线实训室完成全部教学任务。

本教材适合职业院校计算机相关专业网络综合布线课程使用，既可供网络综合布线的初学者使用，也适合参加各级职业院校技能大赛选手参考使用。

由于笔者水平有限，教材中难免存在疏漏之处，敬请广大读者指正。

目　　录

课程准备　网络综合布线系统概述

【项目背景】

我们周围的超市、办公楼、教学楼等场所都有许多信息需要传送，包括语音、数据、视频监控报警信号、广播信号、门禁考勤数据、有线电视图像等。如果各个信息系统各自为政，分别进行设计安装，各类通信电缆将无序地遍布这些场所，既相互干扰、影响美观，又增加了投资。如果各信息系统按照如图 0-1 所示进行设计和安装，情况会变得很糟糕。这样的布线状况如何保障通信质量？学校网络管理员又如何来管理数据通信系统？

对此，人们希望以一套单一的配线系统，将通信网络、信息网络及控制网络综合起来，使各系统间可以良好地通信。这便催生了综合布线系统。如图 0-2 所示，为设计规划过的某学校新校区信息大楼综合布线系统。

图 0-1　某学校老校区的网络中心布线状况

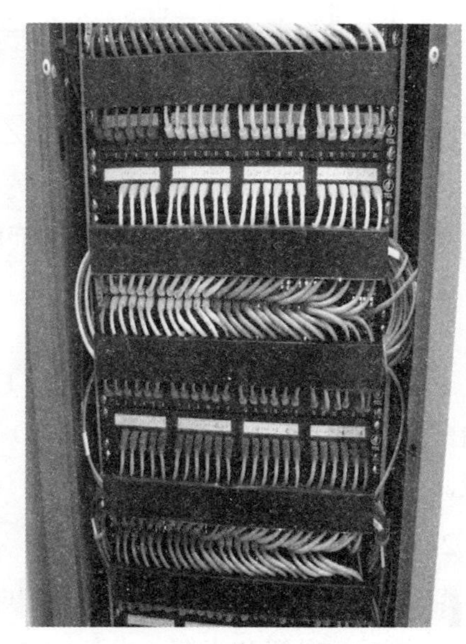

图 0-2　某学校新校区的信息大楼综合布线系统

任务一　综合布线系统及其子系统

综合布线系统是一种模块化的、灵活性极高的建筑物内或建筑群之间的信息传输通道，包括语音系统、网络系统、监控系统、广播系统、楼宇对讲系统、智能消防系统等。

根据中华人民共和国住房和城乡建设部颁布的《综合布线系统工程设计规范》（GB 50311—2016），综合布线系统分为 7 个子系统：工作区子系统、配线子系统、干线子系统、建筑群子系统、设备间子系统、进线间子系统和管理子系统。7 个子系统在综合布线系统中有着不同的功能，发挥着不同的作用，如图 0-3 所示。

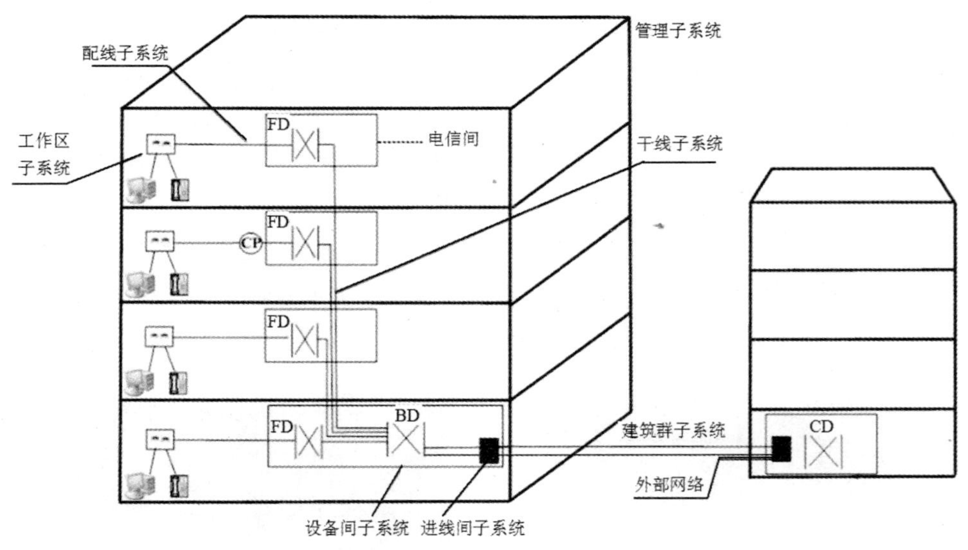

图 0-3　综合布线各子系统示意图

1. 工作区子系统

一个独立的需要设置终端设备（TE）的区域宜划分为一个工作区。工作区应由配线子系统的信息插座模块（TO）延伸到终端设备处的连接线缆及适配器组成。

2. 配线子系统

配线子系统应由工作区的信息插座模块、信息插座模块至电信间配线设备（FD）的配线电缆和光缆、电信间的配线设备及设备线缆和跳线等组成。

3. 干线子系统

干线子系统应由设备间至电信间的干线电缆和光缆、安装在设备间的建筑物配线设备（BD）及设备线缆和跳线组成。

4. 建筑群子系统

建筑群子系统应由连接多个建筑物的主干电缆和光缆、建筑群配线设备（CD）及设备线缆和跳线组成。

5. 设备间子系统

设备间是在每幢建筑物的适当地点进行网络管理和信息交换的场地。对于综合布线系统工程设计来说，设备间主要安装建筑物配线设备。电话交换机、计算机主机设备及入口设施也可与配线设备安装在一起。

6. 进线间子系统

进线间是建筑物外部通信和信息管线的入口部位，并可作为入口设施和建筑群配线设备的安装场地。

7. 管理子系统

管理应对工作区、电信间、设备间、进线间的配线设备、线缆、信息插座模块等设施按一定的模式进行标识和记录。

综合布线系统基本构成应符合如图 0-4 所示的关系。

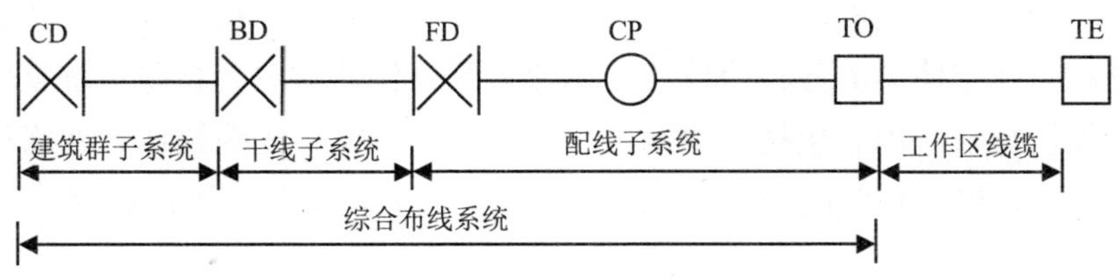

图 0-4　综合布线系统基本构成图

任务二　综合布线系统建设的过程

根据综合布线系统建设的步骤，整个工程大致可以分为规划设计、施工建设和竣工验收三个阶段。它们的关系如图 0-5 所示。

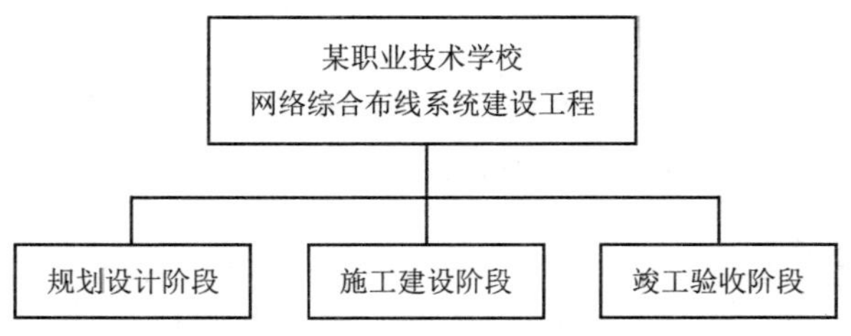

图 0-5　综合布线系统建设流程关系

1. 规划设计阶段

在综合布线系统的规划设计阶段，主要通过对工程相关信息的获取和分析，整理出客户的需求，并根据需求进行具体的规划与设计，编制出综合布线系统图、综合布线系统管线路由及信息点分布图、材料预算表、信息点统计表、端口对应表、施工进度表等。

2. 施工建设阶段

在综合布线系统的施工建设阶段，主要根据前期完成的规划设计资料，在国标规范的指导下，对各子系统进行综合布线施工，包括施工材料的进场测试、配线间和设备间的端接、机柜设备的安装、跳线制作、信息模块的端接、管槽的安装、线缆的敷设、安装底盒面板等。

3. 竣工验收阶段

在综合布线系统的最后竣工验收阶段，主要根据国家相关标准，按照前期项目设计里规定使用的各种协议，使用专业测试仪器对综合布线系统整体进行竣工验收。验收的内容包括信道测试、永久链路测试、光缆测试、网络设备性能测试等，要得出相关的合格的综合测试报告，并提交最终用户保存。

小　　结

本部分内容粗略介绍了网络布线系统建设的步骤，大致可以把整个网络布线工程分为规划设计、施工建设和竣工验收三个阶段。综合布线系统是一种模块化的、灵活性极高的建筑物内或建筑群之间的信息传输通道，包括语音系统、网络系统、监控系统、广播系统、楼宇对讲系统、智能消防系统等。综合布线系统分为 7 个子系统：工作区子系统、配线子系统、干线子系统、建筑群子系统、设备间子系统、进线间子系统和管理子系统。

实　训

一、参观考察校园网络综合布线系统

1. 了解校园网络结构。

2. 了解综合布线系统结构。

3. 熟悉网络结构与综合布线系统结构的关系。

二、思考与练习

1. 简述综合布线系统组成及各子系统组成。

2. 思考如何学习本课程。

项目一　综合布线系统的规划与设计

【项目背景】

某网络公司项目经理接到某职校校园网络综合布线项目后，就分派张工来对该项目进行规划与设计。张工为了更好地完成该项任务，首先请该校筹建办的负责人联系设计院，拿到最新设计的建筑平面图，然后请校方组织各部门进行弱电规划研讨会，在会上，各部门的负责人提出需求，张工仔细地做好了记录。回到公司，张工和项目成员进行了详尽的需求分析，对该项目进行了规划与设计。

【能力目标】

①了解规划与设计综合布线系统的内容及步骤。

②熟悉综合布线系统图、施工平面图、机柜安装大样图。

③熟悉信息点点数统计表、材料预算表、端口对照表、施工进度表。

【项目说明】

该学校信息部大楼共五层（各层建筑面积均为 1269 m^2，各楼层平面图如图 1-1 ～ 1-5 所示），该大楼各层均设有一个弱电间供综合布线线缆敷设及端接使用。大楼建筑物配线间设置在第三层。水平布线子系统和工作区子系统均使用 5e 类非屏蔽双绞线进行布线施工。信息处理机房通过 4 芯多模光缆和大对数电缆连接到大楼的综合布线主干网络，分别接入大楼的数据网络和语音网络，最后经由大楼网络接入互联网。（注：本书中图样尺寸默认以 mm 为单位）

信息楼一层
46800
8400
7500
7500
7500
7500
8400
9000
4500
101
电子计算机房
102
电子计算机房
103
职教远程辅导教室
104
职教远程辅导教室
105
职教远程辅导教室
106
远程教育技术中心
内庭
多媒体公共课堂
107
楼层机房
108
网络管理室
109
电子计算机房
110
电子计算机房

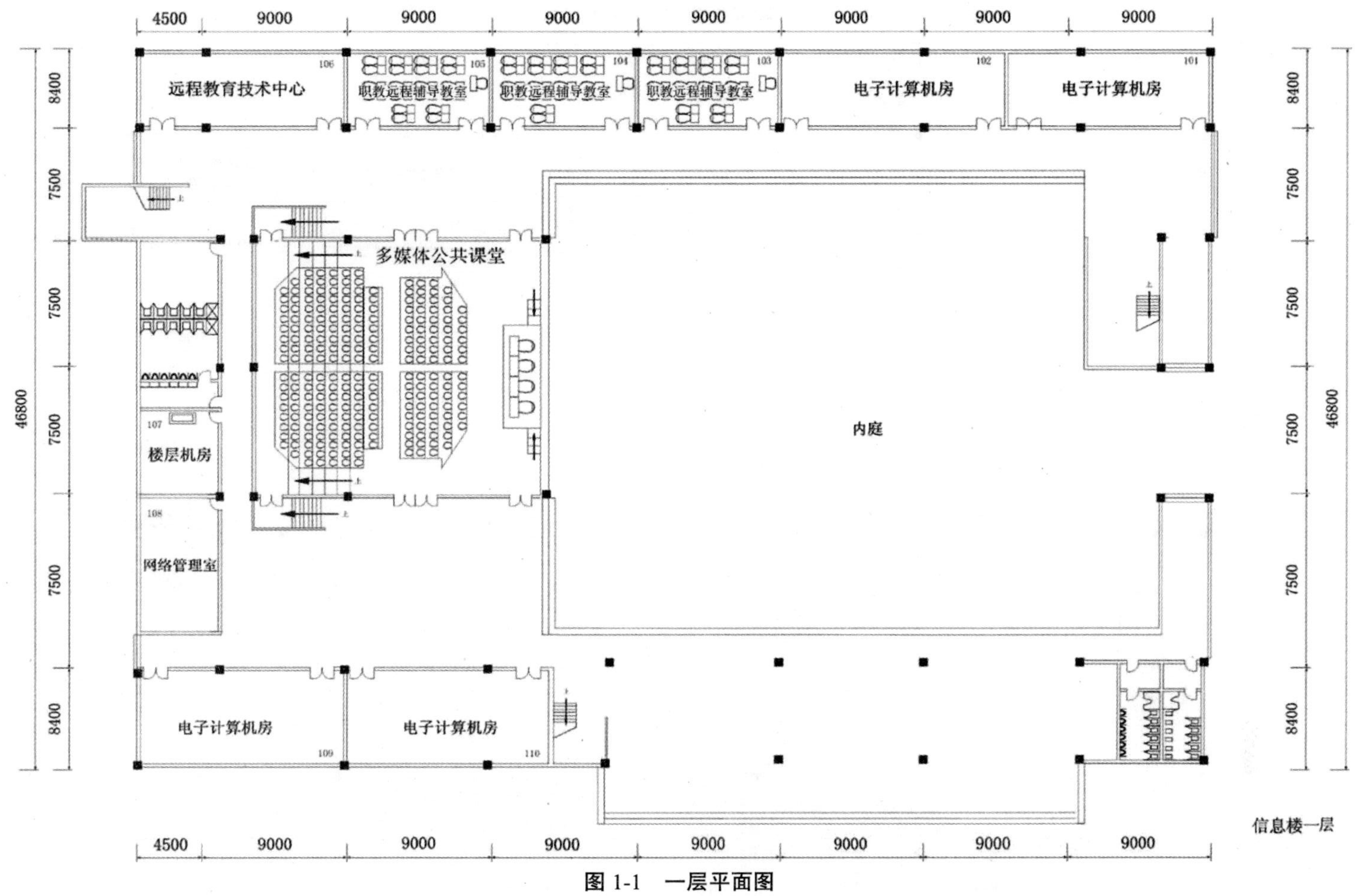

图 1-1　一层平面图

信息楼二层
46800
8400
7500
7500
7500
7500
8400
9000
9000
9000
9000
9000
9000
4500
201
机房
202
机房
203
机房
204
机房
205
机房
开水间
211
硬件实训室
210
硬件实训室
209
信息创业指导中心
208
远程教育管理办公室
206
楼层机房
207
网络管理室
上
下

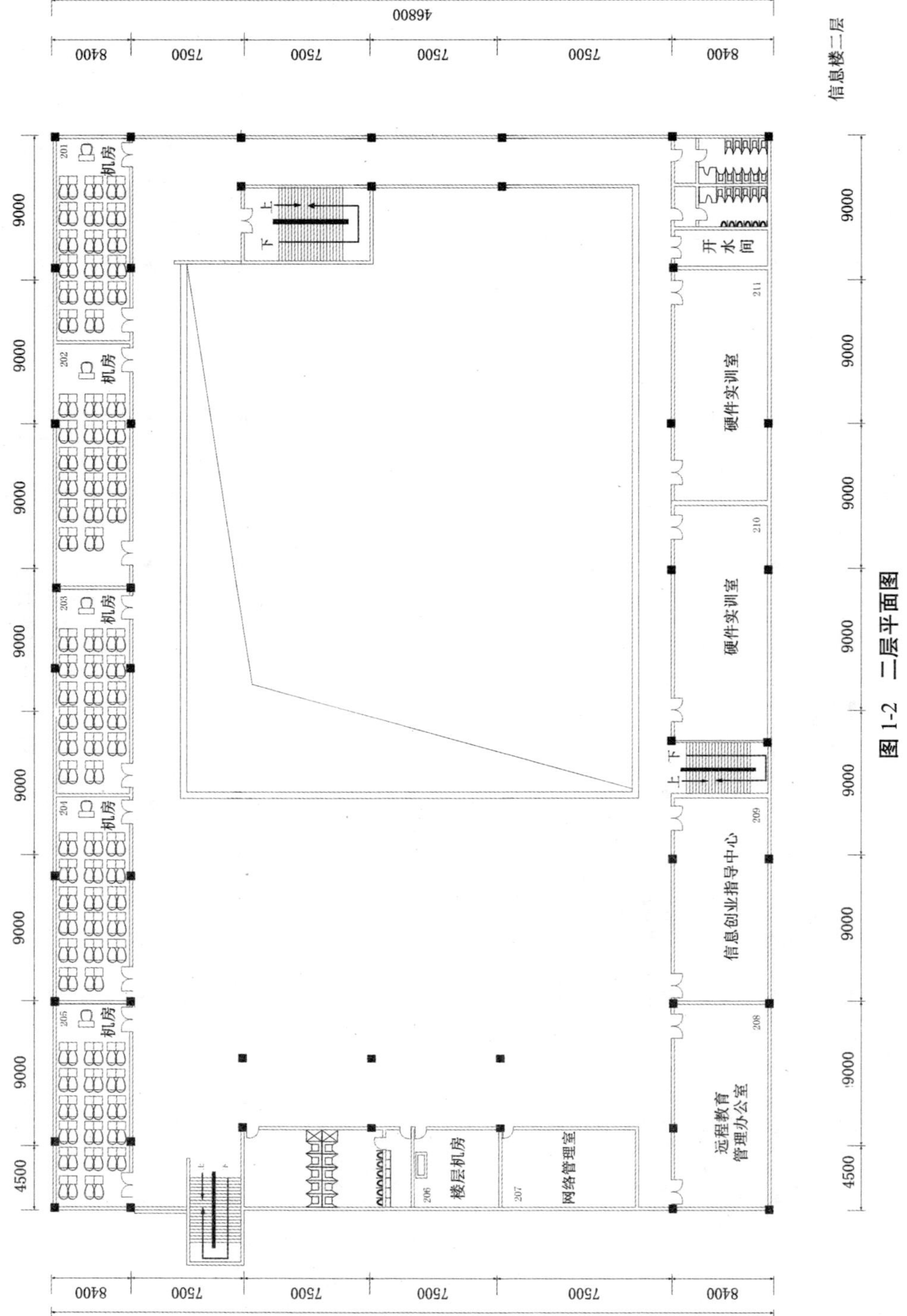

图 1-2 二层平面图

信息楼三层
46800
8400
7500
7500
7500
7500
8400
9000
9000
9000
9000
9000
9000
4500
301
机房
302
机房
303
机房
304
机房
305
机房
306
中心机房
307
网络管理室
308
软件实训室
309
软件实训室
310
通信实训室
311
通信实训室
开水间
上
下

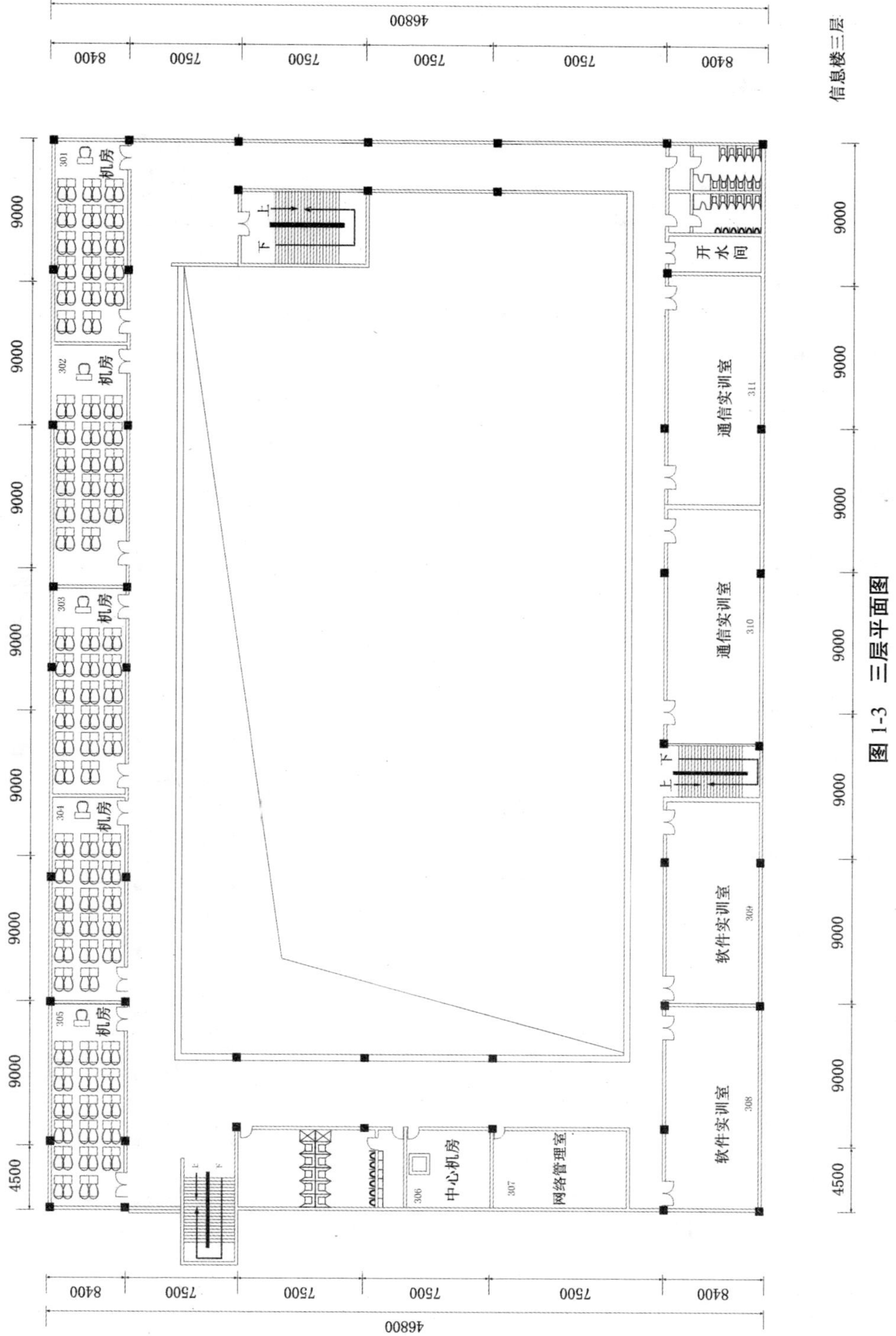

图 1-3　三层平面图

信息楼四层
46800
8400
7500
7500
7500
7500
8400
9000
4500
学生教室
学生团委办公室
教师办公室
楼层机房
文秘室
接待室
就业培训办公室
部长办公室
德育办公室
教学办公室
教师办公室
会议室
专业主任办公室
教师办公室
开水间
上
下

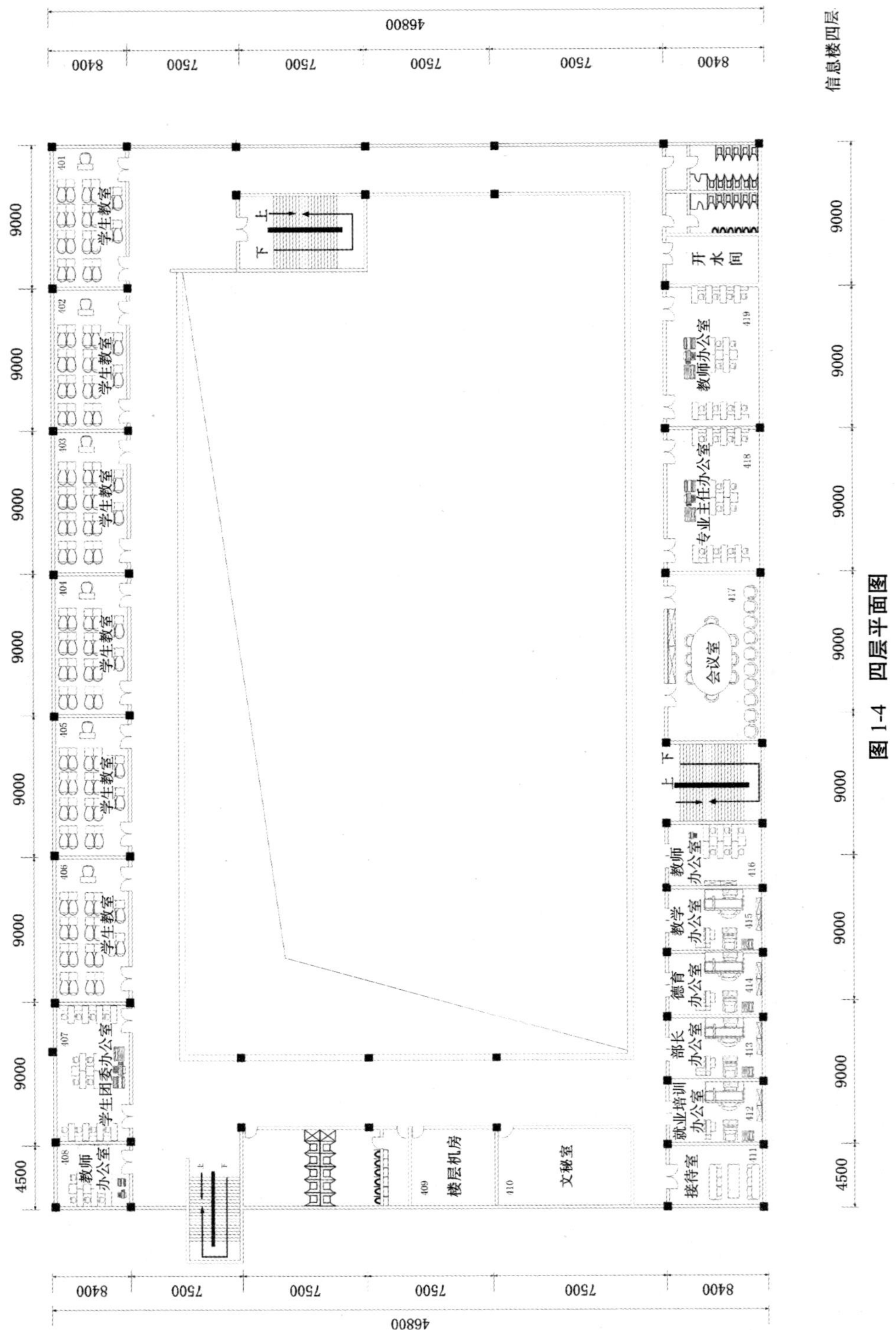

图 1-4　四层平面图

信息楼五层
46800
8400
7500
7500
7500
7500
8400
9000
9000
9000
9000
9000
9000
4500
501 机房
502 机房
503 机房
504 机房
505 机房
开水间
511 网络实训室
510 网络实训室
509 通信实训室
508 教师办公室
506 楼层机房
507 网络管理室
上
下

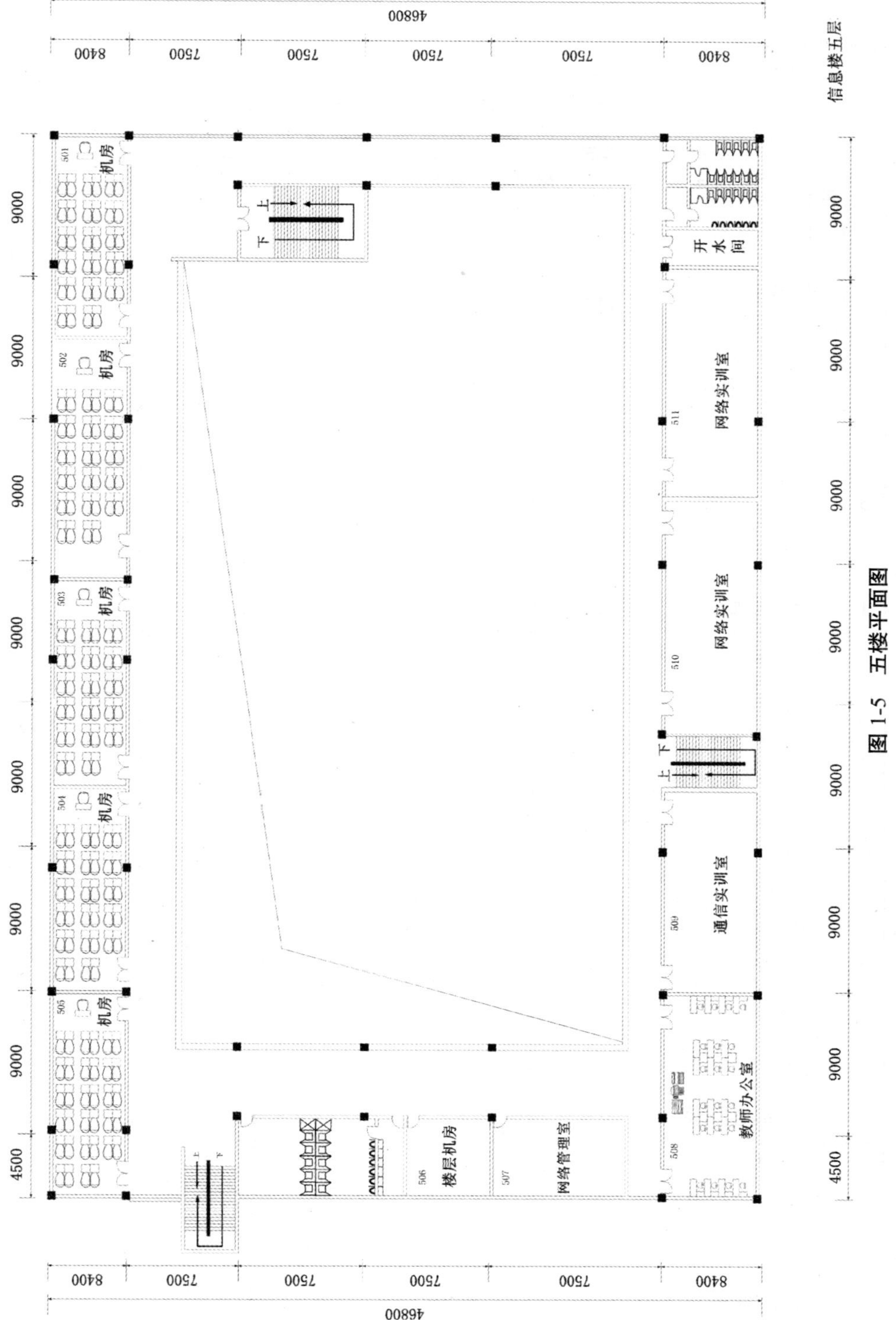

图 1-5　五楼平面图

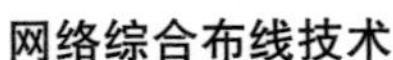

根据学校的规划和各办公场所的不同功能，该大楼的各工作区及信息点需求情况如表 1-1 所示。

表 1-1　新校区信息大楼各工作区面积和信息点分布表

项目 名称		每间面积 /m²	数量	实际使用面积总计 /m²	楼层	信息点	电话点	闭路电视	红外对射	广播
1	多媒体公共课室	300	1	300	1 层	5		1		6
2	远程教育技术中心	115	1	115		5	1	1	1	2
3	职教远程教育辅导教室	80	3	240		9		3		6
4	计算机机房（选修课用）	110	4	440		12		4	4	8
5	网络管理室	42	1	42		2	1		1	
小计				1137						
1	计算机机房	115	5	575	2 层	15		5	5	10
2	硬件实训室	115	2	230		6			2	4
3	信息创业指导中心	115	1	115		3	1	1		
4	远程教育管理办公室	120	1	120		3	1	1	1	
5	网络管理室	42	1	42		2	1			
小计				1082						
1	计算机机房	115	5	575	3 层	15		5	5	10
2	软件实训室	115	2	230		6		2	2	4
3	通信实训室	120	2	240		6		2	2	4
4	网络管理室	42	1	42		2	1		1	
小计				1087						

续表

项目 名称		每间面积/m^2	数量	实际使用面积总计/m^2	楼层	信息点	电话点	闭路电视	红外对射	广播
1	网络管理室	37.5	1	37.5	4层	2	1		1	
2	教师办公室	92	1	92		9	3	3		
3	专业主任办公室	75	1	75		3	1			
4	网络管理室	42	1	42		2	1		1	
5	部长办公室	37.5	1	37.5		2	1			
6	德育办公室	37.5	1	37.5		2	1			
7	教学办公室	37.5	1	37.5		2	1			
8	就业培训办公室	37.5	1	37.5		2	1			
9	学生团委办公室	50	1	50		3	1			
10	文秘室	37.5	1	37.5		3	1			
11	接待室	37.5	1	37.5		2	1	1		
12	会议室	75	1	75		3	1	1		
13	学生教室	75	6	450		18		6		12
小计				1046.5						
1	计算机机房	115	5	575	5层	15		5	5	10
2	通信实训室	120	1	120		3		1	1	2
3	网络实训室	115	2	230		6		2	2	4
4	网络管理室	42	1	42		2	1			
5	办公室	115		115		3	1	1		
6	开水间	20	1	20						
小计				1102						
总计				5454.5		167	20	43	34	107

任务一　综合布线系统需求分析

以信息部大楼的四层为例，对该楼层的综合布线系统进行分析，统计信息点数，确定信号种类和施工材料。

该职校信息部大楼第四层（建筑面积 1269 m^2）作为教师办公场所和教室，楼层内设有一个楼层机房（弱电间）供综合布线走线使用，信息部中心机房设在 306 房间，位于弱电间旁边。现在要根据信息部需求，对其进行综合布线系统规划和设计。

【实现步骤】

完成该网络综合布线系统的设计建设应包括以下 3 个方面的内容。

1. 列出信号种类及设计要求

（1）传输信号种类

在综合布线系统内可以传输的信号种类有数据信号、语音信号、广播信号、图像视频信号等。

（2）设计要求

根据学校信息系统整体规划，新建设的教师办公室、学生教室、网络管理室、各房间的功能有所不同。根据要求设置每个房间的工作区信息点数量：会议室提供 3 个数据信息点；每个教室提供 3 个数据信息点（其中 1 个为无线接入点）；每个教师办公室（包括文秘室、学生团委办公室、专业主任办公室）设计开放办公区，提供 3 个数据信息点（其中 1 个为无线接入点）和 1 个语音信息点（内线和外线共用）；每个网络管理室从 3 楼中心机房提供光缆接入。学校经由大楼提供的千兆光缆接入网络中心的信息化系统。

2. 列出 4 楼各功能室及其对应说明

401 ～ 406：学生教室（每个教室配备 3 个数据信息点）。

407：学生团委办公室，有 1 名老师和 11 名学生（配备 3 个数据信息点、1 个语音信息点）。

408：教师办公室，有 6 名老师（配备 3 个数据信息点、1 个语音信息点）。

409：楼层机房，不配备信息点。

410：文秘室，有 6 名文员（配备 3 个数据信息点、1 个语音信息点）。

411：接待室（配备 2 个数据信息点和 1 个语音信息点）。

412：就业培训办公室，有 1 名老师（配备 2 个数据信息点、1 个语音信息点）。

413：部长办公室，有 1 位信息部部长（配备 2 个数据信息点、1 个语音信息点）。

414：德育办公室，有 1 位信息部副部长（配备 2 个数据信息点、1 个语音信息点）。

415：教学办公室，有 1 位信息部副部长（配备 2 个数据信息点、1 个语音信息点）。

416：教师办公室，有 6 名教师（配备 3 个数据信息点、1 个语音信息点）。

417：会议室（配备 3 个数据信息点）。

418：专业主任办公室，有 12 名教师（配备 3 个数据信息点、1 个语音信息点）。

419：教师办公室，有 12 名教师（配备 3 个数据信息点、1 个语音信息点）。

3. 选择器材

根据以上需求，选用产品全面、技术成熟、性能优越的综合布线系统。数据系统端到端连接采用全 5e 类线缆，以保证信息传输速率达到 100 Mb/s，支持数据传输和多媒体等宽带传输技术；语音系统端到端连接选用全 5e 类线缆连接，以保证语音信号传输质量。

（1）信息插座

选用 5e 类信息模块，以支持 100 Mb/s 高速数据传输；选用 5e 类信息模块，以支持语音传输。

（2）水平线缆

选用优质的 4 对 5e 类非屏蔽双绞线电缆，以支持高速数据传输和监控图像信号传输；选用优质的 4 对 5e 类非屏蔽双绞线电缆，以支持语音传输。

（3）干线线缆

选用六芯室内光缆作为数据干线，连接大楼数据系统，以支持高速数据传输；选用 100 对 3 类大对数电缆作为语音系统的干线，连接大楼语音系统，以支持语音传输。

（4）配线架

在各楼层配线间和主配线间分别选用 100 对、300 对、900 对墙上型配线架，连接和管理数据系统、语音系统、监控系统。

任务二　制作综合布线系统图

【任务目标】

通过学习，掌握综合布线系统图的相关知识和制作方法。

【任务说明】

分析信息部大楼总体需求，完成该综合布线系统图的绘制。

【实现步骤】

从项目一的项目说明中可知，直接涉及的综合布线系统子系统分别有工作区子系统、配线子系统、干线子系统、配线间子系统、设备间子系统。

1. 从客户需求中确定线缆及接口模块类型

（1）从客户需求中可以总结出使用的线缆情况

① 4 对 5e 类非屏蔽双绞线电缆，同时支持数据和语音传输。

②六芯室内光缆，连接大楼数据系统，支持高速数据传输。

③ 100 对 3 类大对数电缆，为语音系统的干线，连接大楼语音系统。

（2）从客户需求中可以总结出使用的接口模块情况

5e 类信息模块，支持工作区数据接入和语音接入。

2. 确定系统图中使用的各个图标含义

在系统图中，主要由各个图标和必要的简短文字说明整个系统线路连接的具体含义。在设计系统图的过程中，既要简明扼要又要细致，尽量做到充分反映整体构建状况。图中的每一个图标均代表不同的含义，明确每一个图标及其作用尤为重要。在设计系统图的过程中，可以作如表 1-2 所示的设定。

表 1-2　系统图使用的各种图标

图标	表示作用	图标	表示作用
BD	建筑物子系统		配线子系统线缆 5e 非屏蔽双绞线

续表

图标	表示作用	图标	表示作用
FD	配线间子系统		干线子系统线缆 六芯室内光缆
	工作区子系统 ■ 5e类信息模块，数据接口 ● 5e类信息模块，语音接口		干线子系统线缆 100对3类大对数电缆
			大楼外接线缆

3. 制作综合布线系统图

完成前期准备工作后，就可以将相关资料汇总，利用 Microsoft Office Visio 2007 制作一个完整的综合布线系统图，制作完成的综合布线系统图如图 1-6 所示。

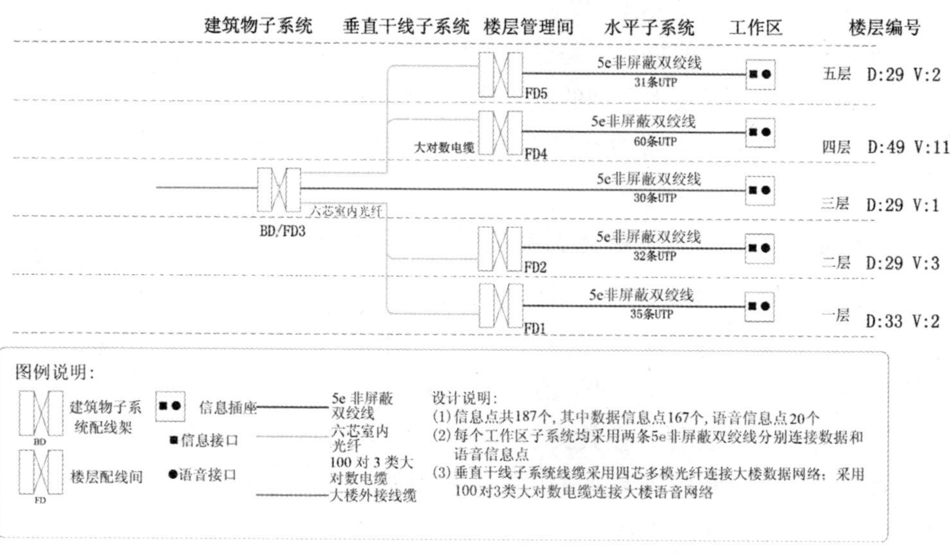

图 1-6　综合布线系统图

4. 在系统图上标注说明信息

除了使用图标表示外，必要的简短文字说明也是必不可少的，如系统构建结构、线缆使用根数、数据接口数量、语音接口数量、总接口数量等。

主要应从以下几个方面添加简短必要的文字说明。

①数据信息点和语音信息点的数量。

②每个工作区子系统使用的连接形式说明。

③干线子系统的连接方式说明。

④其他一些要说明的问题。

至此，综合布线系统图就基本完成。

任务三　制作综合布线系统施工平面图

【任务目标】

通过学习，掌握综合布线系统施工平面图的相关知识和制作方法。

【任务说明】

本任务主要结合建筑物平面图纸和总体需求，完成施工平面图的绘制。

【实现步骤】

施工图是表示工程项目总体布局，建筑物的外部形状、内部布置、结构构造、内外装修、材料做法以及设备、施工等要求的图样。施工图具有图纸齐全、表达准确、要求具体的特点，是进行工程施工、编制施工图预算和施工组织设计的依据，也是进行技术管理的重要技术文件。图纸是设计意图的表现，平面图主要是平面的布局。综合布线系统施工平面图是整个布线路由的一个直观反映。

1. 确定在综合布线系统施工平面图中表示数据接口和语音接口的图标

①在 Microsoft Office Visio 2007 中，利用“绘图工具”→“椭圆形工具”，结合 [Shift] 键和鼠标拖拉操作画出一个圆形图标“○”。若圆形图标的线条不够明显，可将其“线条粗细”值设为 9 或 13。

②双击“○”图标，在其文本内容中输入该图标表示的内容“D”，表示其代表数据接口，制作效果为“Ⓓ”。按上面的方法制作内容为“V”，表示语音接口的图标，制作效果为“Ⓥ”。

2. 制作信息部大楼 4 楼的综合布线系统施工平面图

①对照项目描述要求，确定要安装的信息点数量，包括数据点和语音点。

②确定线槽线管的路由。

信息部大楼 4 楼综合布线系统施工平面图制作效果如图 1-7 所示。

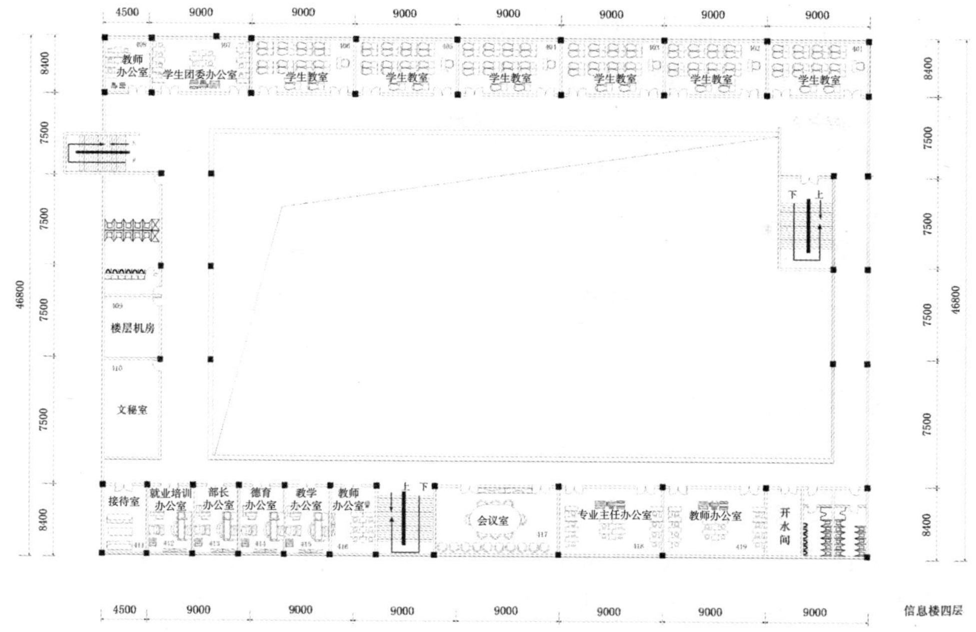

图 1-7 信息部大楼 4 楼综合布线系统施工平面图制作效果

3. 为各信息点的数据接口和语音接口标识编号

所有的信息点（包括数据接口和语音接口）都必须编号，编号的作用是方便日后进行各种查询、检修、维护等操作。

信息点的编号方法是有所要求的，必须做到直观明了又方便记忆。一般可以用以下的字符组来表示：XYN。

X：代表楼层编号，可以是一位数也可以是两位数。考虑到日后的扩展，本书采用两位数编号，如 5 楼的编号可命名为“05”。

Y：代表该信息点为数据接口或是语音接口，定义为：若为数据接口，则命名为 D（Data）；若为语音接口，则命名为 V（Voice）。

N：代表该信息点的顺序号，一般用两到三位数表示。同一范围内的信息点数量越多，要求使用的表示位数就越多，同时要考虑以后维护更新时的可扩充性。

通过以上的说明可以获知，如果存在这样的一个信息点：5 楼接入机柜的第 8 个数据信息点接口。按上述内容可将其编号定义为 05D08。

在作好上述的定义后，必须对定义的方式作一个文档性的说明，并保存于交付给最终用户的使用说明上，这样才能使最终用户真正了解每个信息点编号的具体含义，方便日后的各种维护操作。

至此，综合布线系统施工平面图就完成了。

任务四　制作综合布线系统信息点点数统计表

【任务目标】

通过本任务学习，掌握综合布线系统信息点点数统计表的相关知识和制作方法。

【任务说明】

根据总体需求，完成信息点点数统计表的制作。

【实现步骤】

工作区信息点点数统计表简称点数表，是设计和统计信息点数量的基本工具和手段。点数统计表能够准确清楚地表示和统计出建筑物的信息点数量。

利用 Microsoft Office Excel 软件进行制作，常用的表格格式一般采用房间按照行表示、楼层按照列表示、制作信息在右下角表示的形式。

某职校信息大楼网络综合布线系统信息点点数统计表的制作效果如图 1-8 所示。

某职校信息大楼网络综合布线系统信息点点数统计表

楼层编号	房间编号						数据点数合计	语音点数合计	信息点数合计
	01		02		……				
	数据	语音	数据	语音	数据	语音			
楼层1	…	…	…	…	…	…	33	2	
楼层2	…	…	…	…	…	…	29	3	
楼层3	…	…	…	…	…	…	29	1	
楼层4	…	…	…	…	…	…	49	11	
楼层5	…	…	…	…	…	…	29	2	
合计							169	19	188

项目名称	制表人	XX
某职校信息大楼网络综合布线系统信息点点数统计表	制表时间	20xx年xx月xx日
	图表版本号	01-01-01

图 1-8　某职校信息大楼网络综合布线系统信息点点数统计表

任务五　制作综合布线系统材料预算表

【任务目标】

通过对本任务的学习，掌握综合布线系统材料预算表的相关知识和制作方法。

【任务说明】

阅读项目一的项目说明及施工平面图，完成材料预算表的制作。

【实现步骤】

综合布线系统材料预算表是对工程造价进行控制的主要依据，是设计文件的重要组成部分，应严格按照批准的可行性报告和其他相关文件进行编制。

1. 确定预算表表头内容

预算表中给出的是完成整个项目需要用到的材料预算值，在设立该表时，首先要考虑表内内容能充分说明完成工程需要的材料种类及数量；其次要充分反映每样材料的大致用途；最后要明确给出各种材料的预算值和最终总预算值，以方便用户衡量及评定该预算是否合适。

在设定预算表表头内容时，一般会包含序号（方便用户定位和查找具体材料内容）、材料名称（说明需要用到的材料名称，要一目了然）、材料规格 / 型号（同种名称的材料有不同的规格，工程中需用到哪个规格 / 型号材料在此列举说明）、单价（说明该材料的单一采购价格，方便在后面预算各种材料小计）、数量（说明该种材料需要购进的数量）、单位（说明各种材料的单一采购单位，有的材料是以“套”“件”“千克”等衡量的，不同的单位值包含的内容不一样，所以应该明确说明）、小计（说明在预算中采购该项材料共需花费的数值）、用途简述（说明该材料在整个工程中的具体用途，由于预算表中往往有很多的材料项目，单靠人力很难完全记住各种材料的具体用途，所以应该对一些或全部材料加以说明，这样做也方便了后面的施工及各个步骤的操作）。

从以上说明中可以制作出一张最常用的预算表表头，如图 1-9 所示。

序号	材料名称	材料规格（型号）	单价 / 元	数量	单位	小计 / 元	用途简述

图 1-9　预算表表头

2. 阅读项目一的项目说明及平面施工图，统计各材料原始数量

从项目一项目说明和施工平面图中，能粗略统计出完成该项目需要用到的材料：双口信息插座（含模块）、插座底盒、5e 类非屏蔽双绞线、PVC 线槽、配线架、理线环、水晶头、终端、标签、机柜螺钉、线槽三通等。其中把终端、标签、机柜螺钉、线槽三通等零星琐碎的材料归纳为“标签等零星配件”。最终设计出的材料预算表如图 1-10 所示。

某职校信息大楼网络综合布线系统材料预算表							
序号	材料名称	材料规格/(型号)	单价/元	数量	单位	小计/元	用途简述
1	双口信息插座	超五类RJ45接口86系列塑料	7	100	个	700	
2	信息模块	超五类RJ45系列	15	188	个	2820	
3	插座底盒	明装，86系列塑料	3	93	个	279	
4	5e非屏蔽双绞线	5e，305米	650	48	箱	31200	
5	配线架	1U，24口超五类	470	16	个	7520	
6	100对机柜式配线架	110语音配线架，1U	220	1	个	220	
7	理线环	1U	70	17	个	1190	
8	水晶头	RJ45	80	8	盒	640	
9	鸭嘴跳线	1对	18	20	条	360	
10	标签等零星配件					1500	
合计						46429	
	制表人:XXX		制表时间:20XX年XX月XX日				

图 1-10　材料预算表

任务六　制作综合布线系统机柜安装大样图

【任务目标】

①通过本任务学习，掌握综合布线系统机柜安装大样图的相关知识和制作方法。

②根据实际工程，完成配线间机柜中设备的安装大样图。综合布线系统机柜安装大样图是安装在机柜内的各个设备的立体安装表示形式，它能在设计阶段反映出购置的各种设备在机柜中的安装情况。机柜安装大样图是设备在机柜内安装时的参考和依据。

③使用 Microsoft Office Visio 2007 进行图样绘制，各类图例如图 1-11 ～ 1-15 所示。

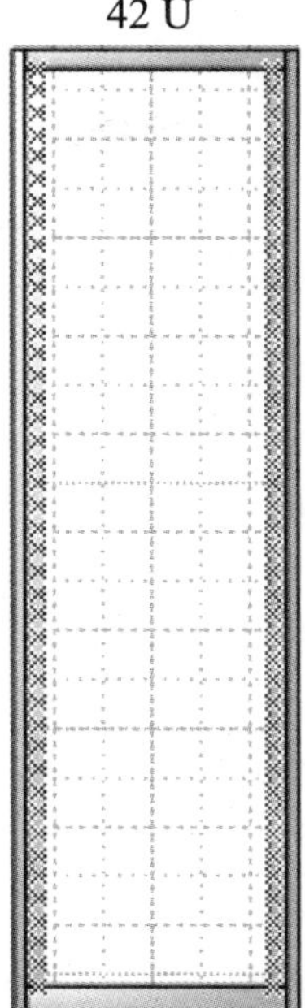

图 1-11　机柜

图 1-12　理线环

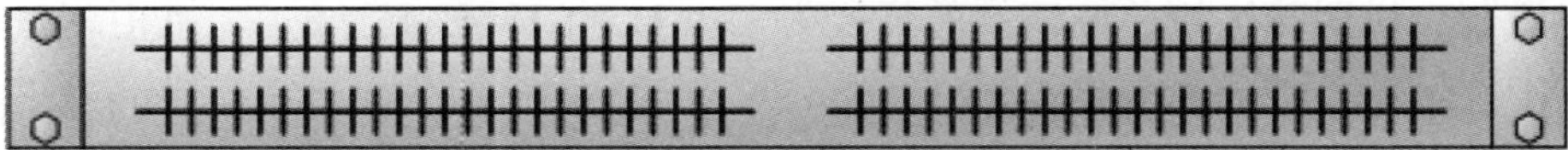

图 1-13　100 对 110 语音配线架

图 1-14　24 口配线架

图例说明：

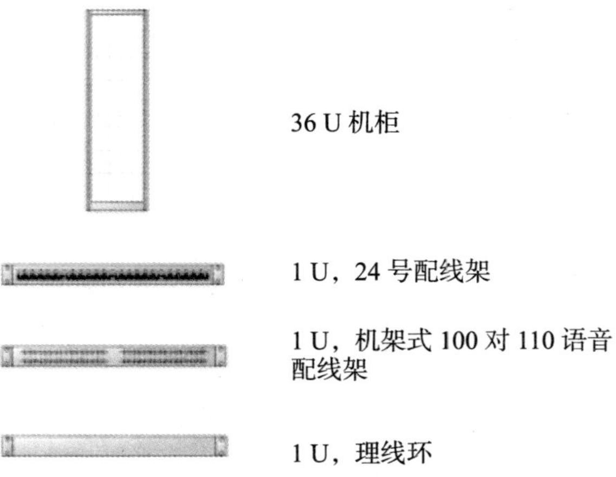

机柜说明：

（1）机柜为 36 U 标准机架式机柜

（2）语音配线区域占用 8 U

（3）数据配线区域占用 6 U

（4）除去 1 U 间隔空间外，留有 21 U 冗余备份区域以备添加安装其他网络布线产品和网络设备

图 1-15　图例与机柜说明

④添加区域高度及冗余备份空间高度说明。对于各个区域须添加必要的文字说明，说明该区域总体需要的高度为多少 U（1 U=4.445 cm），机柜剩余的高度为多少 U，可作为冗余备份空间的高度为多少 U。这些都为日后的维护、扩充起到说明作用，如图 1-16 所示。

⑤在上述步骤的基础上，在图样的右下角添加项目名称、制作人等信息后，整个系统机柜安装大样图就完成了，如图 1-17 所示。

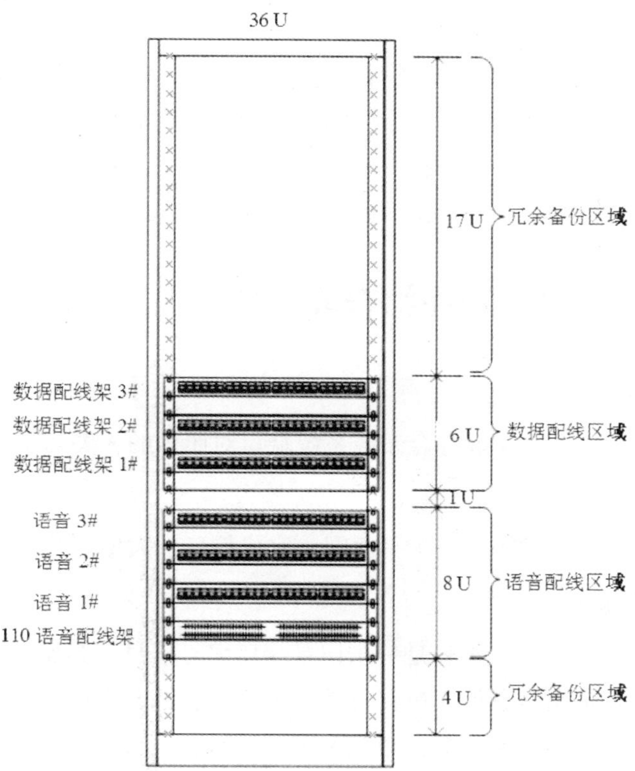

图 1-16　各区域高度说明及文字说明

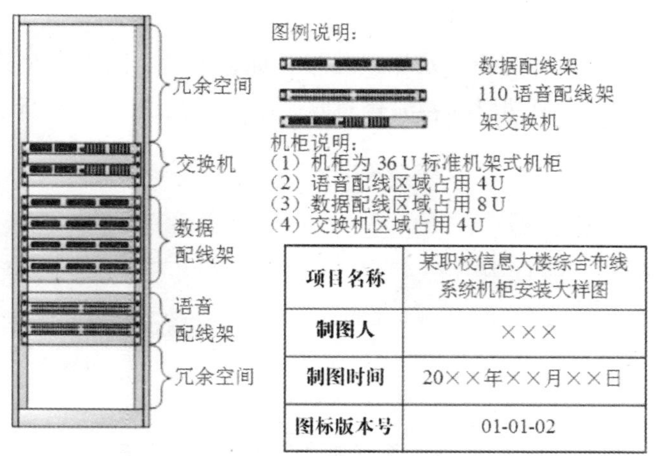

图 1-17　综合布线系统机柜安装大样图

【小贴士】

冗余备份区域的作用主要是留出日后扩充设备时的安装空间。另外，在数据配线区域与语音配线区域之间留有 1 U 的空余空间，主要是为了形象直观地区分两个区域的空间范围。一般在交换机、路由器等设备之间也会留有 1/3 ～ 1 U 的空余空间，目的主要是保留适当的空间使设备散热。

任务七　制作综合布线系统端口对照表

【任务目标】

通过本任务学习，掌握综合布线系统端口对照表的相关知识和制作方法。

【任务说明】

阅读项目一项目说明及施工平面图，完成信息部大楼的端口对照表。

【实现步骤】

综合布线系统端口对照表是一张记录端口编号信息与其所在位置的对应关系的二维表。它是网络管理人员在日常维护和检查综合布线系统端口过程中快速查找和定位端口的依据。综合布线系统端口对照表可分为机柜配线架端口标签编号对照表和端口标签号位置对照表。前者表示机柜配线架各个端口和信息点编号的对应关系，后者表示信息点编号和其物理位置的关系。

1. 制作机柜配线架端口标签编号对照表

该表的主要元素有配线架及端口编号、标签编号、制表人及其他相关信息等。完整的机柜配线架端口标签编号对照表制作效果如图 1-18 所示。

	A	B	C	D	E	F	G	H	I	J	K	L	M	N	O	P	Q	R	S	T	U	V	W	X	Y	Z
1	机柜配线架端口标签编号对照表																									
2	数据配线架#1																									
3	端口编号	1	2	3	4	5	6	7	8	9	10	11	12	13	14	15	16	17	18	19	20	21	22	23	24	
4	标签编号	04D01	04D02	04D03	04D04	04D05	04D06	04D07	04D08	04D09	04D10	04D11	04D12	04D13	04D14	04D15	04D16	04D17	04D18	04D19	04D20	04D21	04D22	04D23	04D24	
5																										
6	数据配线架#2																									
7	端口编号	1	2	3	4	5	6	7	8	9	10	11	12	13	14	15	16	17	18	19	20	21	22	23	24	
8	标签编号	04D25	04D26	04D27	04D28	04D29	04D30	04D31	04D32	04D33	04D34	04D35	04D36	04D37	04D38	04D39	04D40	04D41	04D42	04D43	04D44	04D45	04D46	04D47	04D48	
9																										
10	数据配线架#3																									
11	端口编号	1	2	3	4	5	6	7	8	9	10	11	12	13	14	15	16	17	18	19	20	21	22	23	24	
12	标签编号	04D49													04V20	04V22	04V26	04V28	04V31	04V33	04V35	04V37	04V38	04V45	04V48	
13																										
14																										
15																			项目名称			制表人		xxx		
16																			某职校信息大楼四楼机柜配线架端口标签对照表			制表时间		20xx-xx-xx		
17																						图表编号		01-01-03		
18																										

图 1-18　机柜配线架端口标签编号对照表

2. 制作端口标签编号位置对照表

该表的主要元素有端口编号、标签编号、制表人及其他相关信息等，制作效果如图 1-19 所示。

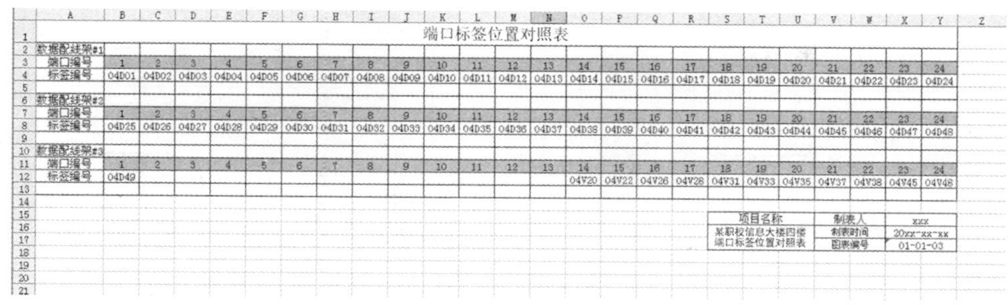

端口标签位置对照表

数据配线架#1												
端口编号	1	2	3	4	5	6	7	8	9	10	11	12
标签编号	04D01	04D02	04D03	04D04	04D05	04D06	04D07	04D08	04D09	04D10	04D11	04D12
数据配线架#2												
端口编号	1	2	3	4	5	6	7	8	9	10	11	12
标签编号	04D25	04D26	04D27	04D28	04D29	04D30	04D31	04D32	04D33	04D34	04D35	04D36
数据配线架#3												
端口编号	1	2	3	4	5	6	7	8	9	10	11	12
标签编号	04D49											

数据配线架#1												
端口编号	13	14	15	16	17	18	19	20	21	22	23	24
标签编号	04D13	04D14	04D15	04D16	04D17	04D18	04D19	04D20	04D21	04D22	04D23	04D24
数据配线架#2												
端口编号	13	14	15	16	17	18	19	20	21	22	23	24
标签编号	04D37	04D38	04D39	04D40	04D41	04D42	04D43	04D44	04D45	04D46	04D47	04D48
数据配线架#3												
端口编号	13	14	15	16	17	18	19	20	21	22	23	24
标签编号		04V20	04V22	04V26	04V28	04V31	04V33	04V35	04V37	04V38	04V45	04V48

项目名称	制表人	xxx
某职校信息大楼四楼端口标签位置对照表	制表时间	20xx-xx-xx
	图表编号	01-01-03

图 1-19　端口标签位置对照表

任务八　制作综合布线系统施工进度表

【任务目标】

通过本任务学习，掌握综合布线系统施工进度表的相关知识和制作方法。

【任务说明】

根据工程实际施工情况，合理地分配好工程时间，并制作出施工进度表。

【实现步骤】

施工进度控制的关键就是编制施工进度计划，合理安排好前后工作的次序，能对整个工程按时按质按量完成起到促进作用。

1. 了解综合布线系统工程的项目内容

一般来说，综合布线系统工程的项目内容和次序包括：①洽谈、合同签订；②设计图纸、图表审核；③设备订购与验收；④主干线槽、管槽架设与主干光缆、大对数电缆敷设；⑤水平线槽、管槽架设与水平电缆敷设；⑥信息插座安装、端接；⑦机柜安装、设备安装；⑧光缆端接及配线间端接；⑨测试与调整；⑩测试验收、制作验收文档交付用户等。

2. 绘制信息部大楼综合布线系统工程施工进度表

完整的施工进度表制作效果如图 1-20 所示。

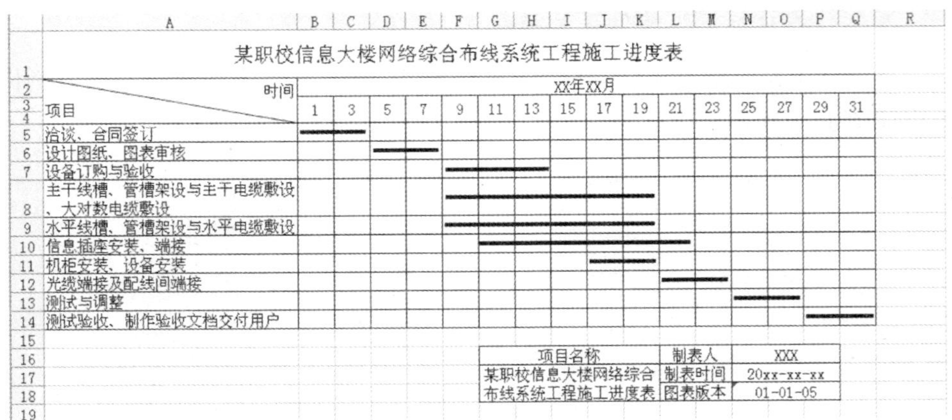

图 1-20　完整的施工进度表

小　　结

在本项目的学习和操作过程中，主要完成了综合布线系统的规划与设计阶段相关图表的制作，其中包括了系统图、施工平面图、信息点点数统计表、材料预算表、机柜安装大样图、端口对照表和施工进度表等 7 个部分的内容。将这 7 部分的内容完成并形成文档后，加上封面和目录，装订成册并交付用户存档。

本项目所述的内容大体包括了综合布线系统规划与设计阶段的全部内容，在实际工程建设中，可参照实际情况进行适当修改即可。

实　　训

图 1-5 是某职业技术学校信息部大楼 5 层的平面图，请结合项目一里的表 1-1（新校区信息大楼各工作区面积和信息点分布表）的项目需求描述，完成该楼层的各个设计规划内容，具体内容如下。

1. 综合布线系统图。

2. 综合布线系统施工平面图。

3. 综合布线系统信息点点数统计表。

4. 综合布线系统机柜安装大样图。

5. 综合布线系统端口对照表。

读书笔记

项目二　工作区的布线施工

【项目背景】

在综合布线中，所谓工作区就是一个独立的需要设置终端设备的区域，指办公室、写字间、工作间、机房等需要使用电话、计算机等终端设施的区域。

工作区子系统是放置应用系统的地方，主要由双绞线、RJ-45 插头、信息插座及计算机终端等组成。

对于一座建筑物的综合布线，工作区的布线施工意义重大。它是与终端用户直接接触的区域，它的质量直接影响着客户对工程的评价，完美的施工对今后的日常维护也有一定的促进作用。

【能力目标】

①认识双绞线的结构和分类。

②熟练掌握不同情况下水晶头的制作方法。

③认识 EIA/TIA 568-A 和 EIA/TIA 568-B 的线序。

④认识信息模块，掌握打线信息模块和免打线信息模块的制作方法。

任务一　双绞线和水晶头的制作

【任务目标】

掌握双绞线和水晶头的制作方法。

【任务说明】

完成双绞线、水晶头的制作。

【相关知识】

1. 双绞线

工作区中常用的电缆是双绞线。一根双绞线是由四对不同颜色的具有绝缘保护层的铜导线按一定密度互相绞扭在一起组成的，其外部包裹金属层或塑料外皮，每对铜导线也是按照一定的密度互相绞扭的。铜导线的直径一般为 0.4 ～ 1 mm，双绞线的绞距为 3.81 ～ 14 mm，相邻双绞线的扭绞长度为 1.27 cm。

常见的双绞线有两种：一种是非屏蔽双绞线（UTP），另一种是屏蔽双绞线（STP）。

非屏蔽双绞线的铜导线外面是塑料保护层，也是最常用的双绞线，每对线的绞距与抗电磁辐射及干扰能力成正比。UTP 具有以下优点。

①安装简易：轻、薄、易弯曲，水晶头制作方便。

②价格便宜，适用性广，能满足大众用户的需求。

③能通过电磁兼容（EMC）测试。

屏蔽双绞线是在非屏蔽双绞线的基础上在铜线和塑料保护层之间增加了一个金属层，起屏蔽外界信号干扰的作用，其具有以下特点。

①质量高，硬度强，价格贵，安装复杂。

②适用于一些外界电磁干扰比较大的地方。

在工作区子系统中，双绞线的长度不应超过 5 m，线长部分应缠绕起来。

2. RJ-45 插头

（1）RJ-45 结构

RJ-45 插头简称“水晶头”，由金属触片和塑料外壳构成，其前端有 8 个凹槽，简称“8P（Position，位置）”，凹槽内有 8 个金属触点，简称“8C（Contact，触点）”，所以 RJ-45 水晶头又称为“8P8C”接头。

连接水晶头虽然简单，但它是影响通信质量的非常重要的因素：开绞过长会影响近端串扰指标；压接不稳会引起通信的时断时续；剥皮时，损伤线对线芯会引起短路、断路等故障。

（2）网络跳线规则

根据不同的应用环境，电气与电子工程师协会（IEEE）标准委员会制定了几种特定用途的跳线方法。

①交叉线接法。虽然双绞线有 4 对 8 条芯线，但实际上在网络中只用到了其中的 4 条，即水晶头的第 1、2、3、6 脚，它们分别起着发送和接收信号的作用。

对网卡而言，第 1、3 脚发送，第 2、6 脚接收；交换机则相反，第 1、3 脚接收，第 2、6 脚发送。这种交叉网线的芯线排列规则：网线一端的第 1 脚连接另一端的第 3 脚，网线一端的第 2 脚连接另一端的第 6 脚，其他脚一一对应即可。按这种排列做出来的网线通常称为“交叉线”。

例如，线的一端从左到右的芯线顺序依次为白橙、橙、白绿、蓝、白蓝、绿、白棕、棕，另一端从左到右的芯线顺序则应当依次为白绿、绿、白橙、蓝、白蓝、橙、白棕、棕。这种网线一般用在集线器间的连接以及交换机间的连接，如图 2-1 所示。

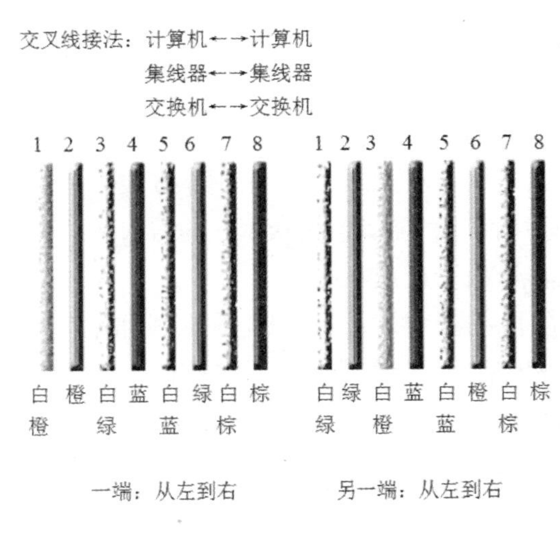

图 2-1　交叉线接法

②直连线接法。这是一种最常用的网线制作规则，也称 100 M 接法，即它能满足 100 M 带宽的通信速率。它的接法虽然也是一一对应，但每一脚的颜色是固定的，具体是：第 1 脚——白橙、第 2 脚——橙色、第 3 脚——白绿、第 4 脚——蓝色、第 5 脚——白蓝、第 6 脚——绿色、第 7 脚——白棕、第 8 脚——棕色。从中可以看出，这与前面所介绍的“1—3、2—6 交叉接法”相似，不同的是直接连接法要求两端一样。这种跳线规则与任务二将要介绍的信息模块端接线方式 B 是完全一样的，当然也可以按信息模块端接方式 A 来重新排列芯线顺序，那就是：第 1 脚——白绿、第 2 脚——绿色、第 3 脚——白橙、第 4 脚——蓝色、第 5 脚——白蓝、第 6 脚——橙色、第 7 脚——白棕、第 8 脚——棕色。这种接线方法是现在最通用的方式，也是直通线所应用的范围，如图 2-2 所示。

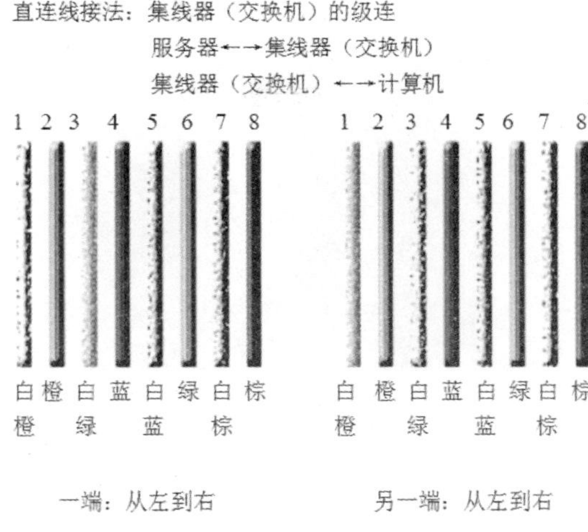

图 2-2　直连线接法

【实现步骤】

1. 工具及材料的准备

需要准备网络压线钳 2 把、水晶头 18 个、1 m 左右双绞线 4 根、电磁兼容性（EMC）测试仪 1 个。

2. 熟练掌握 EIA /TIA 568-A、EIA/TIA 568-B 标准

EIA/TIA 568-A：白绿、绿、白橙、蓝、白蓝、橙、白棕、棕。

EIA/TIA 568-B：白橙、橙、白绿、蓝、白蓝、绿、白棕、棕。

3. 熟识网络压线钳的功能和使用方法

通常所使用的压线钳具有制作网络水晶头和电话线水晶头的双重作用，并具有剪线、剥线、压线三种功能。

4. 制作双绞线

（1）剥线

用双绞线网线钳把五类双绞线的一端剪齐（最好先剪一段符合布线长度要求的网线），然后把剪齐的一端直插到网线钳用于剥线的缺口中。也可以用其他剪线工具来剥线。

需要注意的是网线不能弯折，直到顶住网线钳后面的挡位，稍微握紧压线钳慢慢旋转一圈（无须担心会损坏网线里面芯线的塑料皮，因为剥线的两刀片之间留有一定距离，这距离通常就是里面 4 对芯线的直径），让刀口划开双绞

线的保护胶皮，拔下胶皮，如图 2-3 所示。也可使用专门的剥线工具来剥线。

图 2-3　剥线

（2）排线

排线时，先剪断双绞线的保护线，再将绿色线对与蓝色线对放在中间位置，而橙色线对与棕色线对放在靠外的位置，形成左起为橙、蓝、绿、棕的线对次序，如图 2-4 所示。

（3）理线

理线时，用左手大拇指用力压住线头的同时用右手把每条芯线拉直并按一定的顺序排列。如果是制作 EIA/TIA 568-A 标准的双绞线，就排列成：白绿、绿、白橙、蓝、白蓝、橙、白棕、棕；如果是制作 EIA/TIA 568-B 标准的双绞线，就排列成：白橙、橙、白绿、蓝、白蓝、绿、白棕、棕，如图 2-5 所示。

图 2-4　排线

图 2-5　理线

（4）剪线和插入

用网线钳垂直于芯线排列方向将其剪齐（留的长度要适中，不要太长或太短），再用右手拿起水晶头，弹片朝下，左手把剪好的双绞线插入水晶头中，如图 2-6 所示。

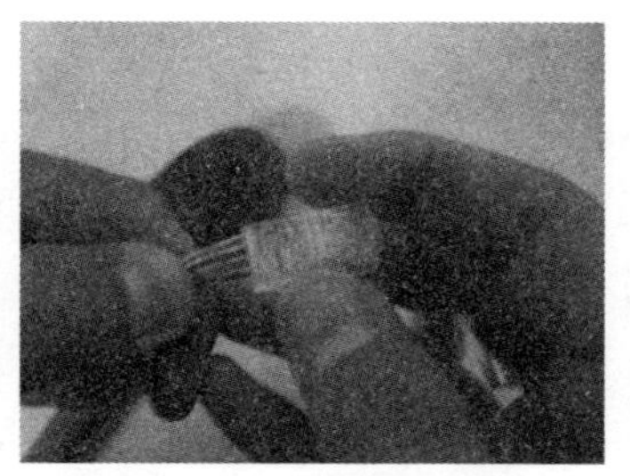

图 2-6　剪线和插入

网线钳挡位离剥线刀口长度通常恰好为水晶头长度，这样可以有效避免剥线过长或过短。剥线过长既不美观，而且会因网线不能被水晶头卡住，容易松动；剥线过短，因有塑料皮存在，不能完全插到水晶头底部，造成水晶头插针不能与网线芯线完好接触。

（5）检查

目测一下，双绞线的线序是否正确，是否到达了水晶头的底端，皮套是否已推入水晶头的下压位置，如图 2-7 和图 2-8 所示。

（6）压接

压线检查正确后，将水晶头推入压线钳的压线缺口中，用力下压，将突出在外面的针脚全部压入 RJ-45 水晶头内，如图 2-9 所示。

至此，一个水晶头制作完成，另一端的制作方法与之相同。

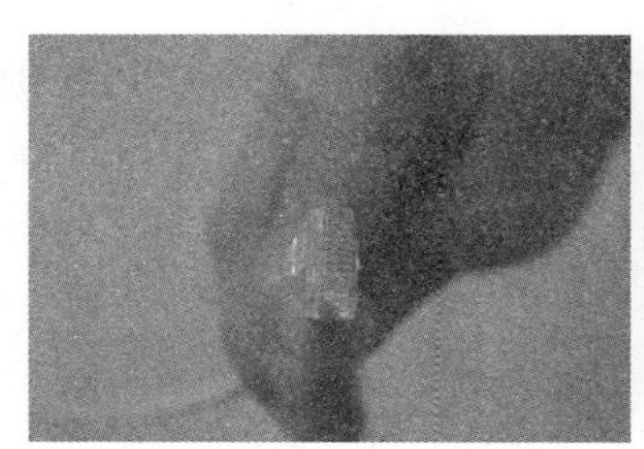

图 2-7　检查线序

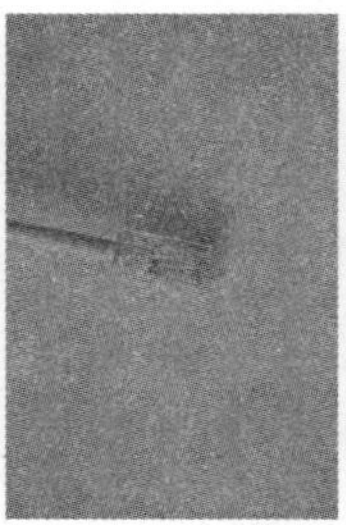

图 2-8　检查底端

图 2-9　压接

（7）测试

两端都做好水晶头后即可用网线测试仪进行测试。如果测试仪上的 8 个指示灯都依次为绿色闪过，证明网线制作成功，如图 2-10 所示。如果出现任何一个灯为红灯、黄灯或无显示，都证明存在断路或者接触不良现象，此时最好先用网线钳再分别压一次线两端的水晶头。如果故障依旧，再检查一下两端芯线的排列顺序是否一样。如果不一样，则剪掉一端重新按另一端芯线排列顺序制作水晶头；如果芯线顺序一样，但测试仪在重测后仍为红灯、黄灯或无显示，则可能是铜线没有达到水晶头底部，水晶头上的铜片没有刺入铜线中，此时可以通过目测进行检查，先剪掉有问题的一端，并按要求重做一个水晶头。如果故障消失，则不必重做另一端水晶头，否则要把原来的另一端水晶头也剪掉重做，直到测试全为绿色指示灯闪过为止。

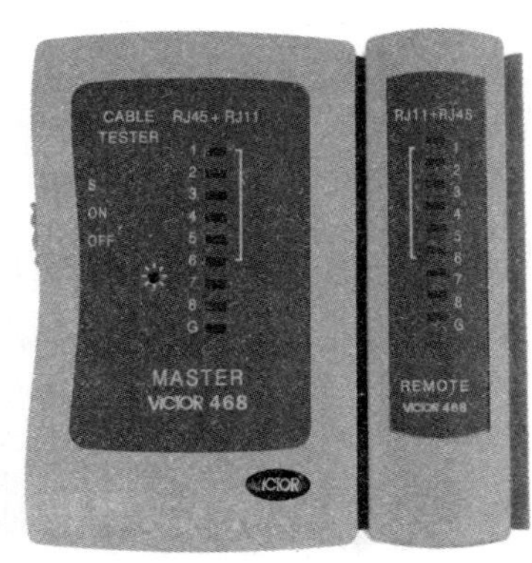

图 2-10　网线测试仪

【拓展提高】

1. 水晶头制作比赛方案

网线制作比赛分初赛和决赛两个阶段，初赛由任课教师在班上进行选拔，决赛进行现场比试。比赛将评出一等奖 2 名、二等奖 4 名、三等奖 6 名，同时还将评出最快速度奖、最佳工艺奖各一名，其具体评比办法如下。

①配件摆放规范：左边摆线，中间放水晶头，右边放压线钳。（10 分）

②动作规范：左手拿网线，右手握钳子；动作顺序为拨线→剪掉屏蔽膜→排序（直通线的顺序是白橙、橙、白绿、蓝、白蓝、绿、白棕、棕）→剪线→用右手将水晶头放入压线钳压线缺口中（水晶头放入时，弹片向下）→压线→测试。（10 分）

③网线制作准确：测试能通。（50 分）

④工艺美观：网线塑料皮放入水晶头约二分之一的位置，线头都是平行放置，不出现交叉现象。（10 分）

⑤制作速度要求（以每根线为单位）：1 分 30 秒以内（20 分），2 分钟以内（15 分），2 分 30 秒以内（10 分），3 分钟以内（5 分），3 分钟以上（0 分）。

⑥比赛时必须站立操作。

说明：当选手的分数相同时，速度快者获胜。比赛时，选手根据要求做直通线或交叉线。

2. 水晶头制作比赛评分表

比赛完成后利用水晶头制作比赛评分表（表 2-1）进行评分。

表 2-1　水晶头制作比赛评分表

日期：

项目 分数 姓名	配件摆放规范（10分）	动作规范（10分）	网线制作准确（50分）	工艺美观（10分）	制作速度（20分）	计时	总分	排名

任务二　端接信息模块

【任务目标】

掌握模块的端接方法。

【任务说明】

根据综合布线系统施工平面图的要求完成模块端接。

【相关知识】

信息模块根据是否需要打线可以分为打线信息模块（冲压型模块）和免打线信息模块（扣锁端接帽模块），如图 2-11 和图 2-12 所示。两者的制作方法和制作工具都不同。打线信息模块的各引脚的对应顺序在各线槽中都有相应的颜色标注，制作时只须选择相应的端接方式（EIA/TIA 568-B 或 EIA/TIA 568-A 标准），按模块上的颜色标注把相应的芯线卡入线槽中，不必去记颜色顺序。免打线信息模块的线序是标在盖板上（EIA/TIA 568-A 或 EIA/TIA 568-B 标准）的，制作时只需用剪刀按 45° 斜角剪切并按相应的顺序插入模块中，再用压线钳的柄将卡套压入即可。

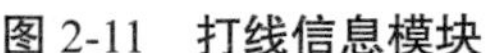
图 2-11　打线信息模块

图 2-12　免打线信息模块

【实现步骤】

1. 工具及材料

需要准备的工具及材料包括：免打模块、非免打模块、超五类非屏蔽网线、剥线钳、平口螺钉旋具、压线钳、剪刀、打线刀。

2. 制作免打线信息模块

①剥开外绝缘护套，如图 2-13 所示。

②去掉护套，剪掉防拉线，如图 2-14 所示。

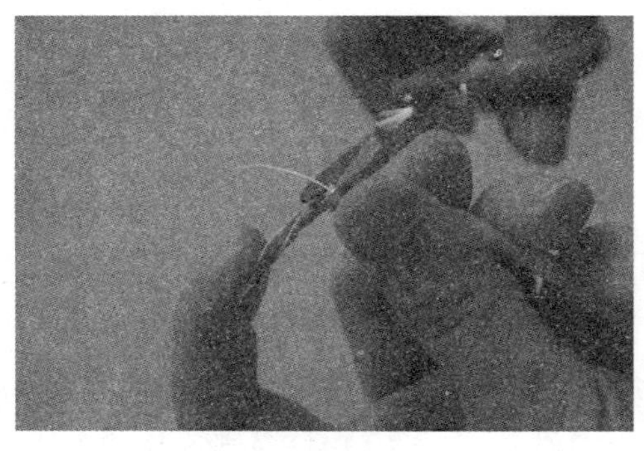

图 2-13　剥线

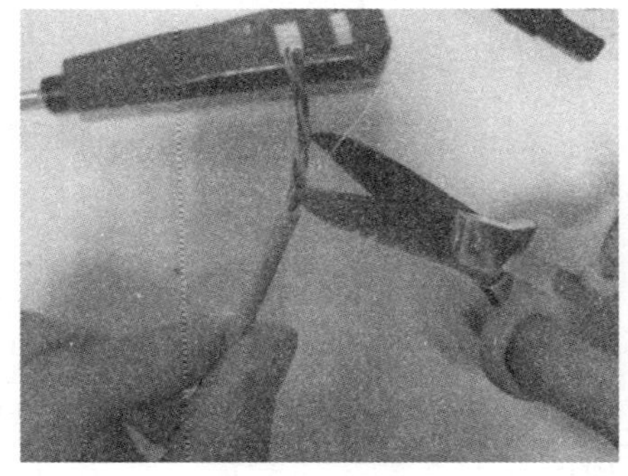

图 2-14　剪防拉线

③拆开 4 对双绞线，如图 2-15 所示。

④按照 EIA/TIA 568-B 标准整理线序，如图 2-16 所示。

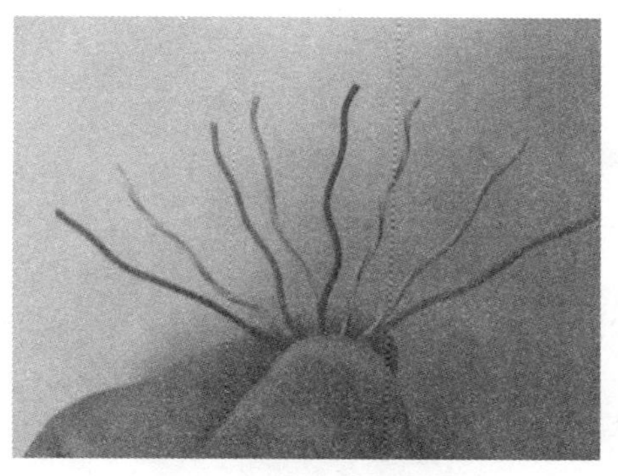

图 2-15　拆开 4 对双绞线

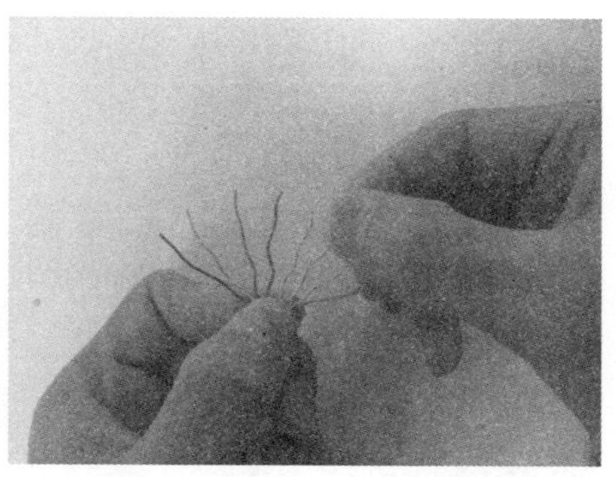

图 2-16　整理线序

⑤按 45° 斜角剪线，如图 2-17 所示。

⑥剪线后的效果，如图 2-18 所示。

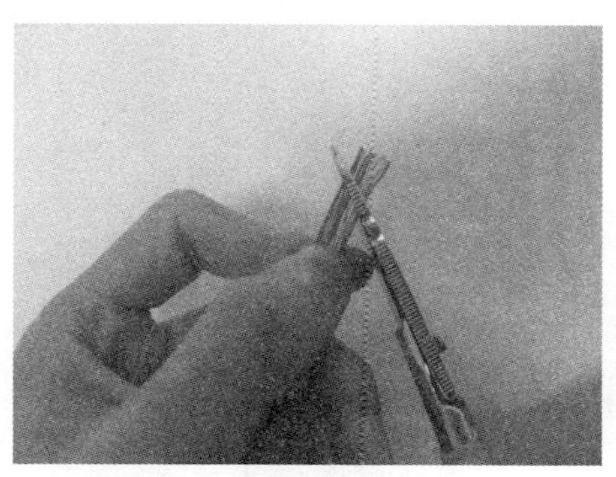

图 2-17　剪线

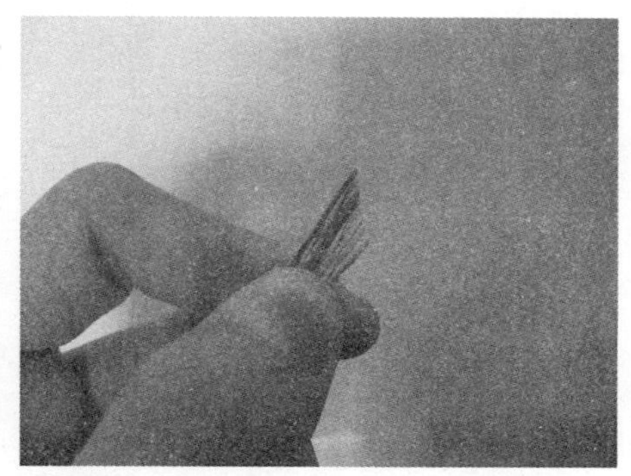

图 2-18　剪线后效果图

⑦按照线序放入端接口，如图 2-19 所示。

⑧放入端接口后的效果，如图 2-20 所示。

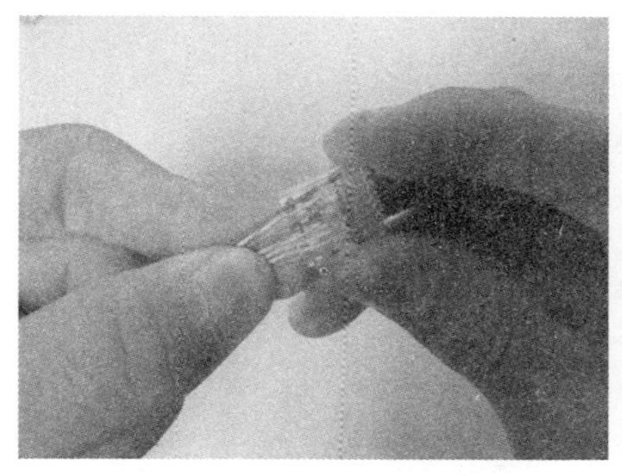

图 2-19　放入端接口

图 2-20　放入端接口后的效果图

⑨弯线，如图 2-21 所示。

⑩剪线，如图 2-22 所示。

图 2-21　弯线

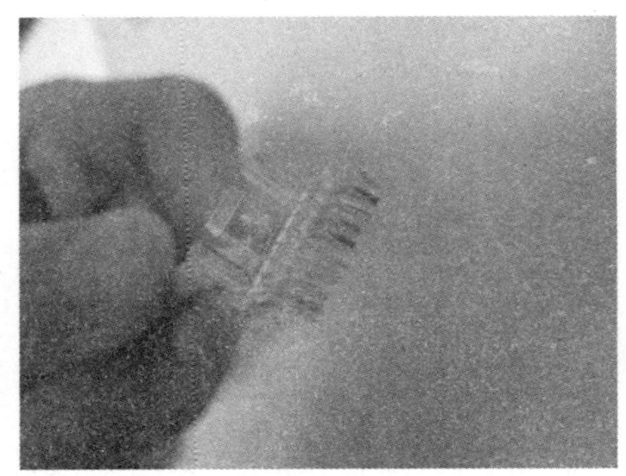

图 2-22　剪线

⑪压入模块，如图 2-23 所示。

⑫压接，如图 2-24 所示。

⑬压接好的效果，如图 2-25 所示。

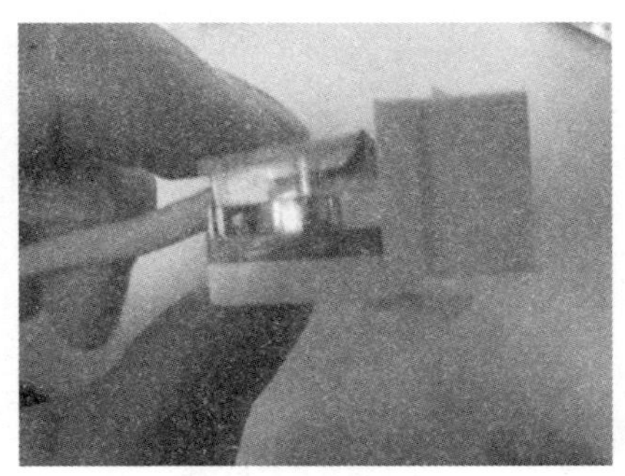

图 2-23　压入模块

图 2-24　压接

图 2-25　压接好的效果图

2. 制作打线信息模块

①使用压线钳进行剥线，要求力度均匀，不要伤及线芯，剥线长度为 30 mm 左右，如图 2-26 所示。

②使用剪刀剪掉白色防拉线，如图 2-27 所示。

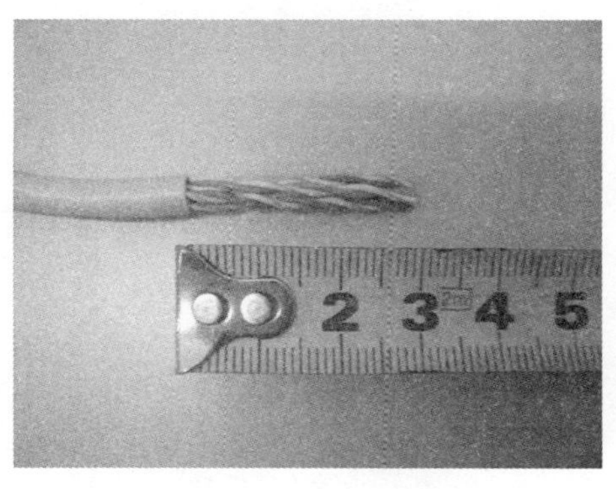

图 2-26　剥线长度

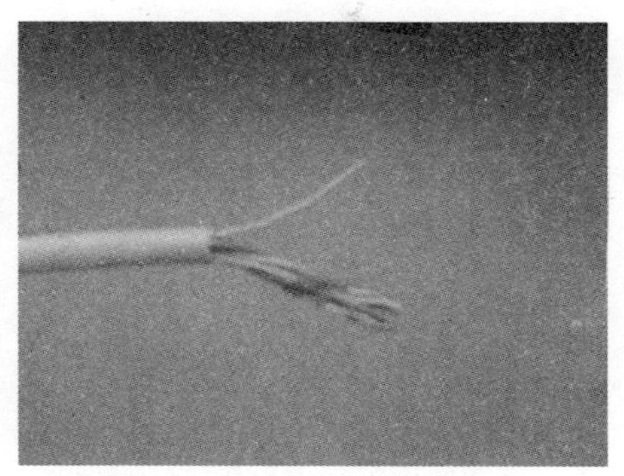

图 2-27　剪防拉线

③根据模块上标记的线序把线理顺，并按对应的颜色标记将线插入模块中（注意：此处各线对不要拆开，要尽量保证线对的缠绕，以保证相关参数的正常；绝缘外皮要插入模块的中间位置），如图 2-28 ～ 2-30 所示。

图 2-28　模块（左）

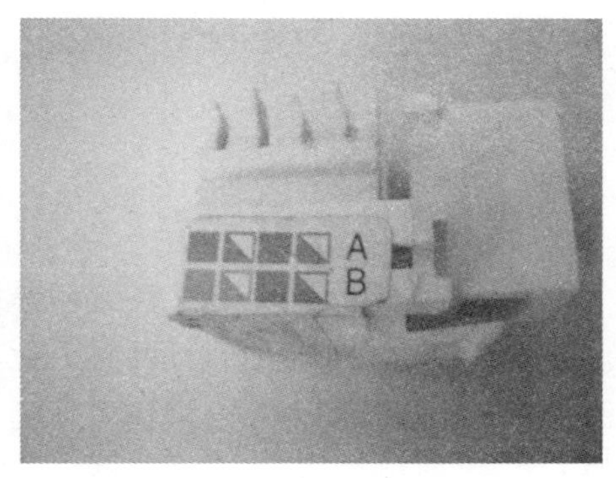

图 2-29　模块（右）

④使用打线刀对每条线进行打线，带切线的一端朝外，以便于直接切断线缆，如图 2-31 ～ 2-33 所示。

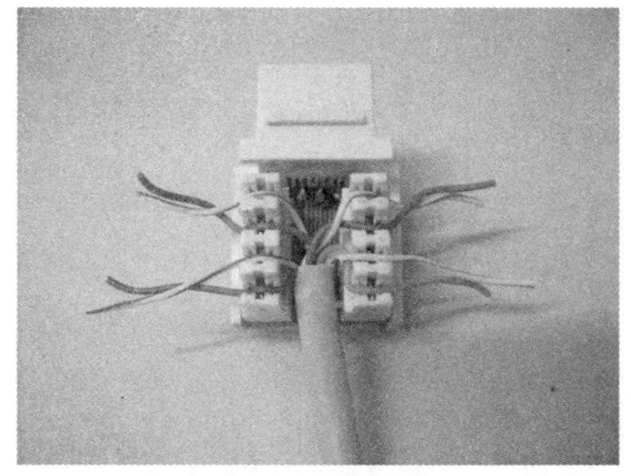

图 2-30　分线效果图

图 2-31　打线（左）

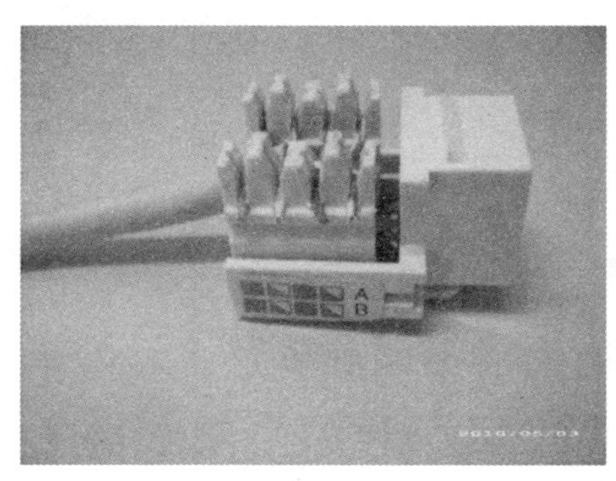

图 2-32　打线（右）

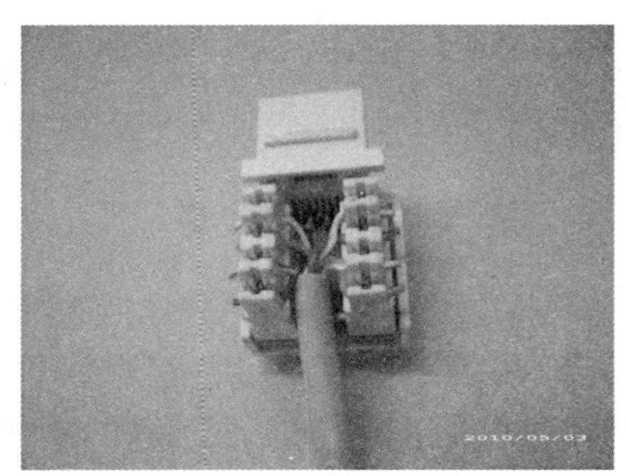

图 2-33　打线完成效果

【拓展提高】

1. 端接信息模块比赛方案

免打线信息模块制作比赛分初赛和决赛两个阶段，初赛由任课老师在班上进行选拔，决赛进行现场比试。比赛将评出一等奖 2 名，二等奖 4 名，三等奖 6 名，同时还将评出最快速度奖、最佳工艺奖各一名，其具体评比办法如下。

①配件摆放规范：左边摆线，中间放模块，右边放压线钳。（10 分）

②动作规范。（10 分）

③模块制作准确：使用两条跳线连接后插入测试仪中进行测试，测试能通。（50 分）

④工艺美观：网线塑料皮放入模块约二分之一的位置，线序都是平行放置，不出现交叉现象。（10 分）

⑤制作速度要求（每个模块）：1 分钟以内（20 分），1 分钟 15 秒以内（15 分），1 分钟 30 秒以内（10 分），2 分钟以内（5 分），2 分钟以上（0 分）。

⑥比赛时必须站立操作。

说明：当选手的分数相同时，速度快者获胜；比赛时根据要求做免打线信息模块或打线信息模块，采用 EIA/TIA 568-A 或 EIA/TIA 568-B 标准。

2. 端接信息模块比赛评分表

比赛完成后利用端接信息模块比赛评分表（表 2-2）进行评分。

端接信息模块比赛评分表

日期：

项目 / 分数 / 姓名	配件摆放规范（10 分）	动作规范（10分）	模块制作准确（50分）	工艺美观（10 分）	制作速度（20 分）	计时	总分	排名

任务三　安装底盒和信息面板

【任务目标】

根据综合布线系统施工平面图的要求，能在模拟墙上正确安装底盒和信息面板。

【任务说明】

根据工作区的布线施工要求，在模拟墙上完成底盒和信息面板的安装。

【相关知识】

底盒采用标准的 86 型号，信息面板有单口和双口之分，标签一定要与楼层对应起来，方便以后的管理。信息插座是通信链路中的关键连接点，其安装质量的优劣直接影响到线缆连接质量的好坏，也必然决定通信质量。底盒和信息面板的安装，也影响到工程的美观度。

【实现步骤】

1. 工具及材料

需要的工具及材料包括：底盒、面板、螺钉、标签、电钻。

2. 安装底盒

将底盒安装在模拟墙上，4 个角用螺钉拧紧，底盒保持横平竖直。

3. 安装面板

将面板的螺钉拧入底盒中，盖上面板盖，贴上标签。

4. 拉入双绞线

将双绞线从线槽或线管中通过进线孔拉入信息插座底盒中。

5. 预留线缆

为便于端接、维修和变更，线缆从底盒拉出并预留 10 cm 左右，然后将多余部分剪去。

6. 端接信息模块

将多余线缆盘于底盒中。

7. 安装完成

紧固螺钉，合上面板，插入标识，完成安装，如图 2-34 所示。

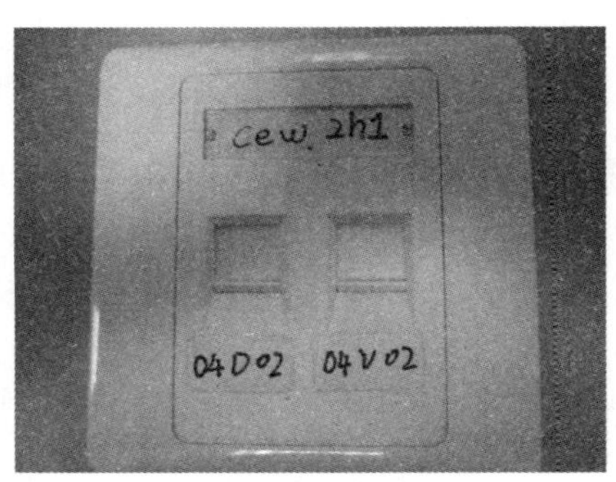

图 2-34　底盒及信息板

【拓展提高】

1. 底盒和信息面板安装比赛方案

底盒和信息面板安装比赛分初赛和决赛两个阶段，初赛和决赛都在综合布线实训室模拟墙上进行。比赛将评出一等奖 2 名，二等奖 4 名，三等奖 6 名，同时还将评出最快速度奖、最佳工艺奖各一名，其具体评比办法如下。

①配件摆放规范：左边摆底盒，右边放模块、网线、电钻。（10 分）

②动作规范：左手拿底盒，右手握电钻。（10 分）

③底盒位置安装正确：横平竖直。（50 分）

④模块制作准确。（50 分）

⑤工艺美观。（10 分）

⑥制作速度要求：1 分钟以内（20 分），1 分 30 秒内（15 分）。

⑦比赛时必须站立操作。

2. 底盒和信息面板比赛评分表

比赛完成后，利用底盒和信息面板比赛评分表（表 2-3）进行评分。

表 2-3　底盒和信息面板比赛评分表

日期：

项目 分数 姓名	配件摆放规范（10分）	动作规范（10分）	底盒准确（50分）	模块制作准确（50分）	工艺美观（10分）	制作速度（20分）	计时	总分	排名

小　　结

本项目主要介绍了工作区子系统的布线施工，包括跳线制作、模块端接、底盒安装的方法，并提供了这些实训的比赛方案。

实　　训

一、跳线制作

1. 在 15 分钟内制作长度为 60 cm 直通线 10 根。

2. 在 15 分钟内制作长度为 50 cm 交叉线 10 根。

二、模块端接

1. 制作免打线信息模块端接，端接数量为 10 个。

2. 制作打线信息模块端接，端接数量为 10 个。

三、底盒安装

在模拟墙上进行底盒安装，并进行模块端接，盖好底盒面板。

读书笔记

项目三　楼层水平区域的布线施工

【项目背景】

对于一座建筑物的综合布线，当前期线缆已敷设到每一个楼层的配线间后，应根据用户需求以及扩展需要，将配线间的线路延伸到工作区，实现用户终端的网络连接，使工作区的用户能实现网络连接及语音通信等。

【能力目标】

①熟悉水平区域子系统的测量与定位安装位置。

②掌握水平区域子系统的管槽的安装及敷设，并能在管槽中敷设线缆。

【项目说明】

根据项目一中综合布线系统施工平面图，以信息部大楼 4 楼 413 房间为例，完成在模拟墙上进行的测量和定位、管槽的安装和敷设，以及线缆的敷设。所有材料的选择既要符合当前的用户要求，又要满足以后扩展的要求。

任务一　测量与定位

【任务目标】

根据综合布线系统施工平面图的要求，测量与定位安装位置。

【任务说明】

测量与定位水平区域系统模拟墙上的管槽等配件的安装位置。

【相关知识】

①安装在墙面或柱子上的信息插座底盒、多用户信息插座盒及集合点配线箱体的底部离地面的高度应为 300 mm。如果要安装电源插座，要离开信息点插座 50 ～ 200 cm 的距离。

②工作区的电源应符合的要求：每个工作区至少应配置 1 个 220 V 交流电源插座；工作区的电源插座应选用带保护接地的单相电源插座，保护接地与零线应严格分开。

【实现步骤】

1. 工具及材料

需要准备的工具及材料包括油性笔、卷尺、记录本。

2. 了解房间情况

认真阅读项目一中的综合布线系统施工平面图，了解 413 房间布线的路径、信息点的数量和位置、管槽配件的位置等。

3. 测量并记录

根据项目一综合布线系统施工平面图的要求，测量出从 413 房间到 409 房间入口的距离，并记录在记录本上。

4. 模拟路径并确定位置

根据项目一综合布线系统施工平面图的要求，在模拟墙上确定 413 房间管槽的路径。用卷尺测量出所有管槽路径的距离，用油性笔在模拟墙上标出管槽配件的确切位置。

5. 确定底盒安装位置

根据项目一综合布线系统施工平面图的要求，确定信息点底盒的安装位置，并用油性笔标记出所有底盒 4 个顶角的确切位置。

以上步骤如图 3-1 至图 3-3 所示。

图 3-1　测量

图 3-2　记录

图 3-3　定位

【小贴士】

在本任务的实施过程中实现了“测量与定位”的实际操作，在操作的过程中要注意以下几点。

①管槽配件的位置必须与综合布线系统施工平面图的要求一致。

②信息点的位置必须与综合布线系统施工平面图的要求一致。

③所有的标记位置必须准确。

任务二　敷设线管、线槽

【任务目标】

掌握线槽和线管的详细安装与敷设过程。

【任务说明】

在水平区域系统模拟墙上敷设线槽和线管。

【相关知识】

管（槽）截面积=（ $n\times$ 线缆截面积）÷[70%×（40%～50%）]

式中：

管（槽）截面积——要选择的管（槽）截面积；

n——用户所要安装的线缆条数；

线缆截面积——选用的线缆截面积；

70%——布线标准规定允许的空间；

40%～50%——线缆之间浪费的空间。

【实现步骤】

1. 工具及材料

本任务需要用到的工具及材料包括线槽、线管、角尺、水平尺、剪刀、螺钉旋具、油性笔。

2. PVC 线槽水平直角成型

①在线槽上定位水平直角的顶点位置，如图 3-4 所示。

②以定点为顶点画一直线，如图 3-5 所示。

③以这条直线为垂直平分线画一个等腰直角三角形，如图 3-6 所示。

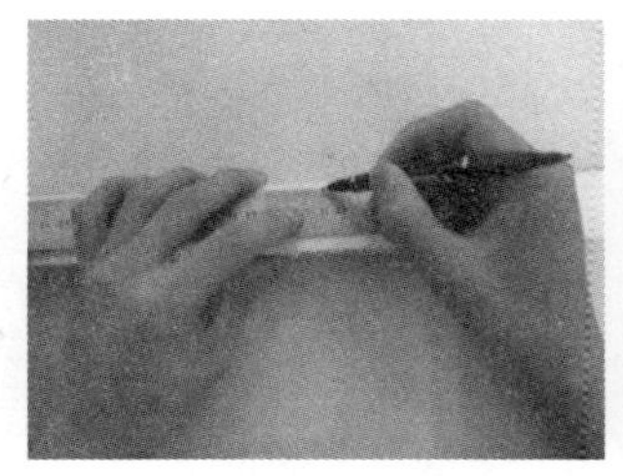

图 3-4　定点

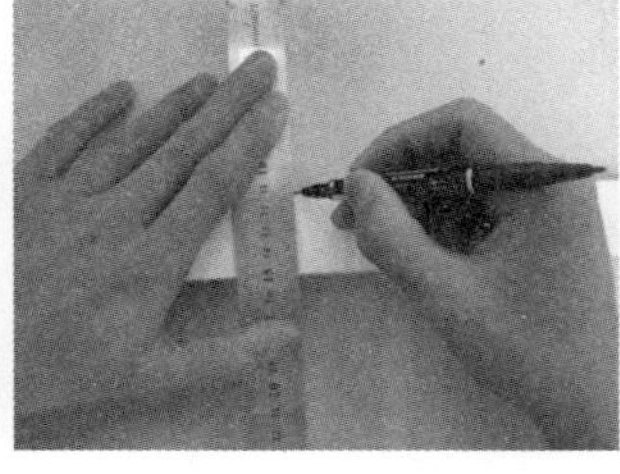

图 3-5　画直线

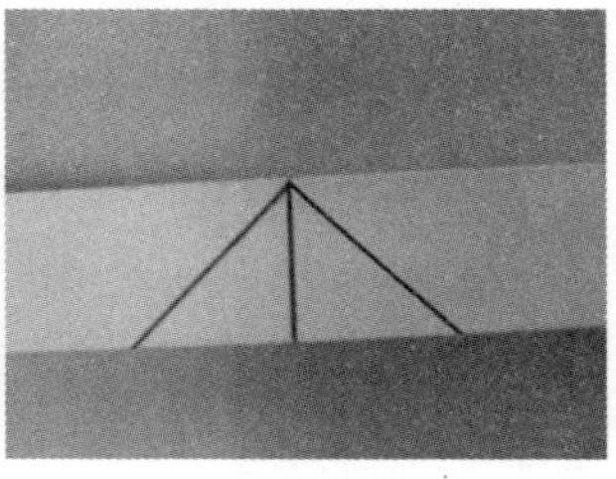

图 3-6　画等腰直角三角形

④在线槽侧面以三角形的底角为点，画两条直线，如图 3-7 所示。

⑤以画好的线为边进行裁剪，把这个三角形和侧面画出的部分剪去，如图 3-8 所示。

⑥裁剪后的效果如图 3-9 所示。

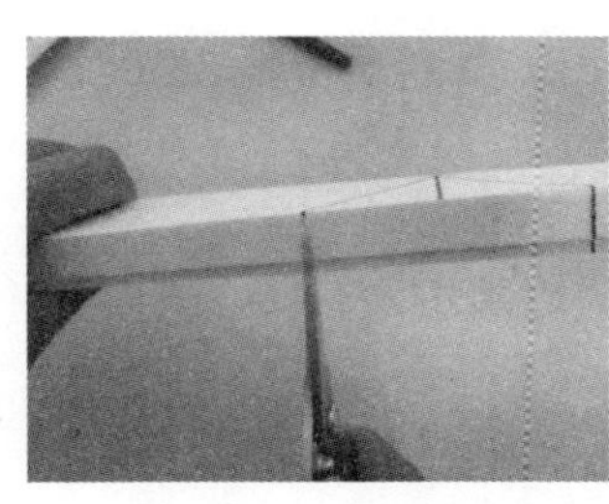

图 3-7　侧面画线

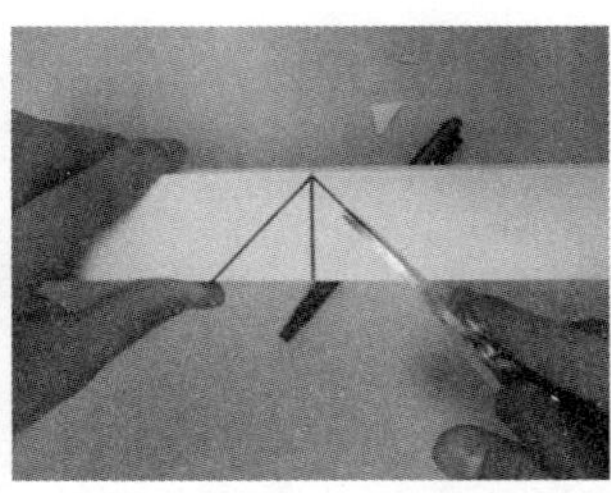

图 3-8　裁剪

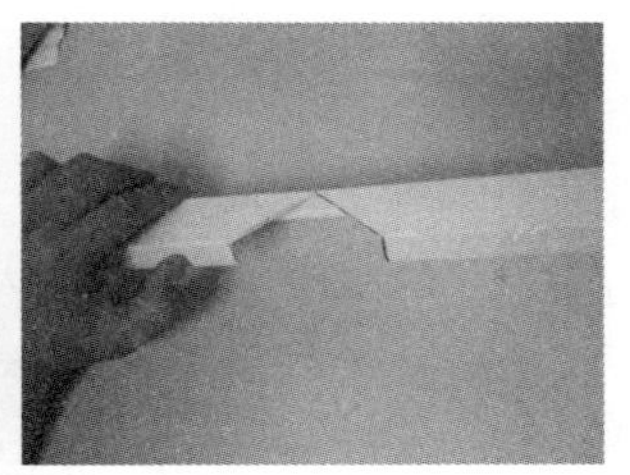

图 3-9 裁剪效果

⑦将线槽弯曲成型，如图 3-10 所示。

⑧把制作好的线槽整体安装在模拟墙上。在安装过程中，注意螺钉要对准线槽的正中部，每隔 1 m 固定一个螺钉。使用水平尺检测安装的线槽是否达到“横平竖直”的标准。如有偏差，适当调整线槽高度，使之达标，如图 3-11 所示。

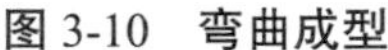
图 3-10　弯曲成型

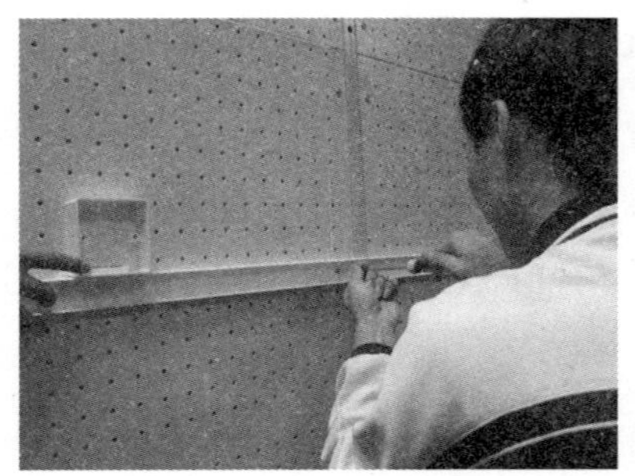
图 3-11　安装线槽

3. PVC 线槽非水平直角成型

（1）内弯角成型步骤

①在线槽上定位内角的顶点位置，如图 3-12 所示。

②以点为顶画一条直线，如图 3-13 所示。

③在线槽一侧，以这条直线的一个端点为顶点画一个等腰三角形，如图 3-14 所示。

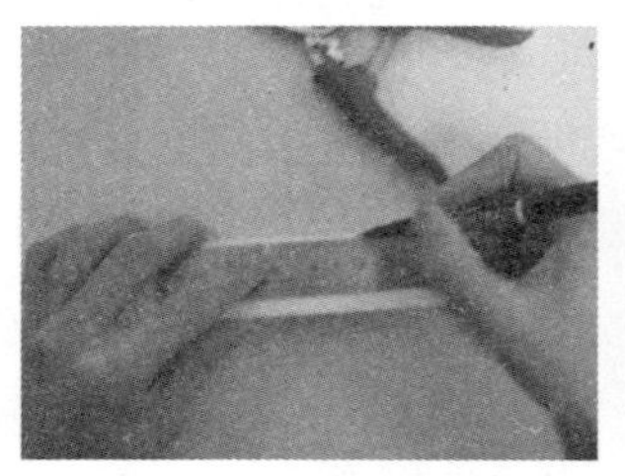
图 3-12　定点

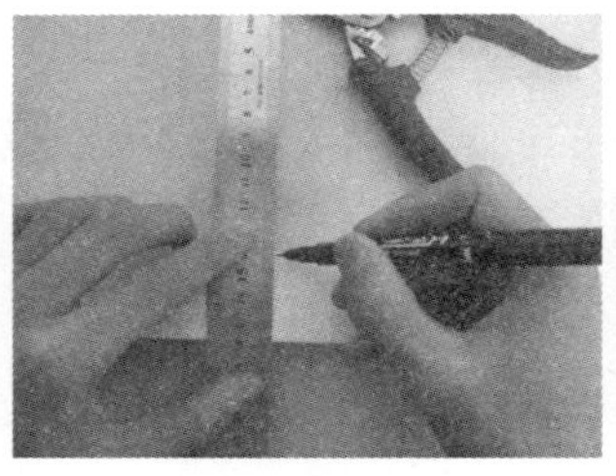
图 3-13　画直线

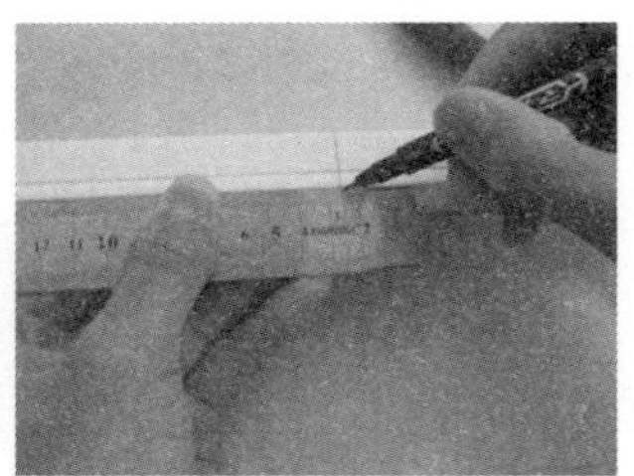
图 3-14　画等腰三角形

④画好的效果如图 3-15 所示。

⑤在线槽另一侧按步骤③的方法画一个相同的等腰三角形，如图 3-16 所示。

⑥把已画的两个等腰三角形剪去，如图 3-17 所示。

图 3-15　画好的效果

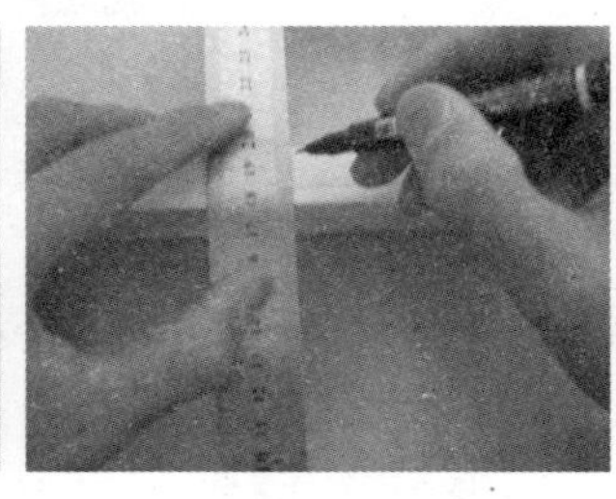
图 3-16　在另一侧画等腰三角形

图 3-17　剪裁

⑦把线槽弯曲成型，如图 3-18 所示。

（2）外弯角成型步骤

①在线槽上定位外角的顶点位置，如图 3-19 所示。

②以定点为顶点画一条直线，如图 3-20 所示。

图 3-18　弯曲成型

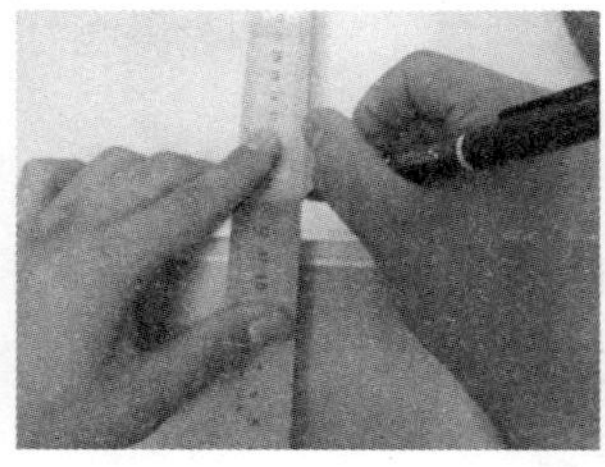

图 3-19　定点

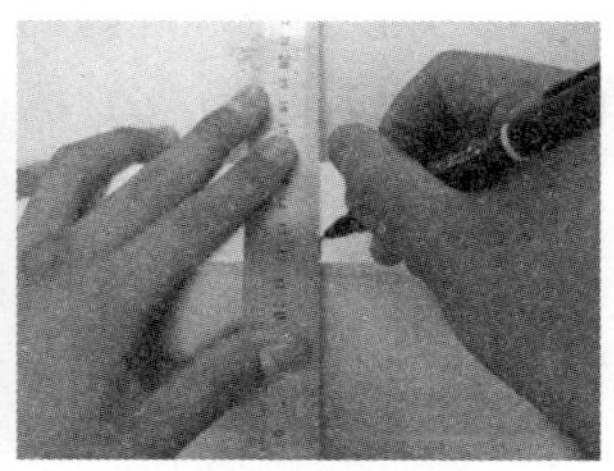

图 3-20　画直线

③在线槽的另一侧画直线并以这条线在另一侧定点，如图 3-21 所示。

④用剪刀剪去线槽两侧画出的部分，如图 3-22 所示。

⑤把线槽弯曲，如图 3-23 所示。

图 3-21　另一侧定点

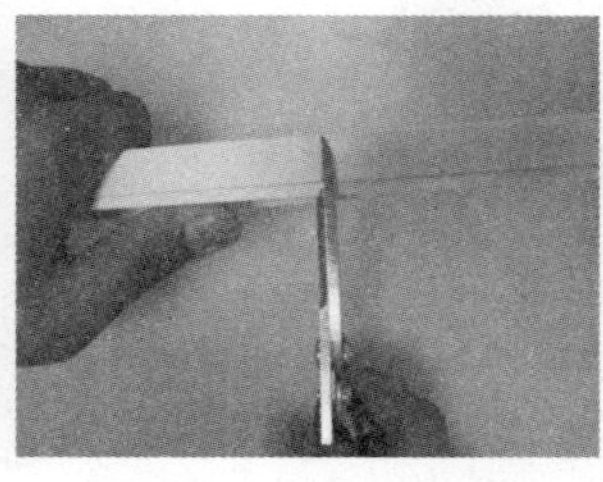

图 3-22　剪裁

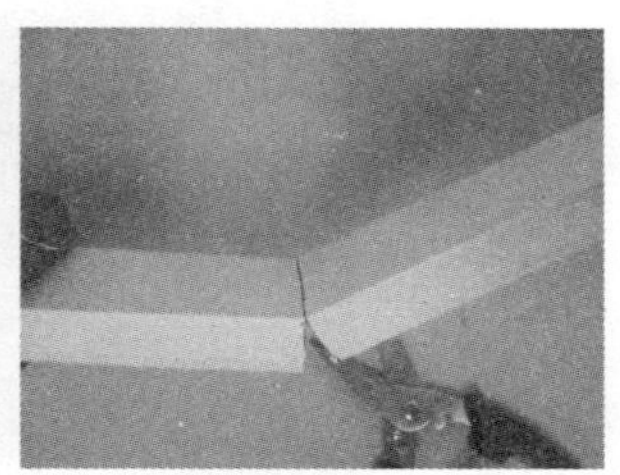

图 3-23　弯曲线槽

⑥最后得到的外弯角如图 3-24 所示。

图 3-24　外弯角效果

4. 安装线管

安装线管如图 3-25 所示，具体步骤如下。

①根据任务的要求，按照管（槽）截面积计算公式（见相关知识）估算出截面积后，选择规格合适的线管。

②根据任务一确定的安装位置测量距离（注意区分是自制拐角还是配套拐角），并用油性笔作好标记。

③在线管路由上安装管卡，相邻管卡间隔 0.7 m。

④要求使用配套弯头的，使用线管剪在线管的标记位置处剪断，塞入弯头内，并固定在管卡上；要求自制弯角的，使用弯管器自制弯角，然后固定在管卡上。

⑤使用水平尺检测线管是否达到“横平竖直”的标准。如有偏差，适当调整管卡的方向，使之达标。

图 3-25　安装线管

【小贴士】

在安装 PVC 线管的过程中要注意以下几点。

①管槽的选择要合理，既要避免管槽内空间的浪费，也要避免管槽内线缆太拥挤。

②线槽的阴角、阳角、直角以及线管拐角的制作要符合标准，自制线管拐角要有适当的弧度。

③线管、线槽的长度要适宜，与弯头、阴角盖、直角盖的结合处不要有缝隙。

④使用水平尺测试时，线槽和线管要达到“横平竖直”的标准。

任务三　敷设线缆

【任务目标】

根据综合布线系统施工平面图的要求，能在线管和线槽中敷设线缆。

【任务说明】

在水平区域系统模拟墙上，在管槽等配件中进行线缆的敷设。

【相关知识】

在布线过程中各段线缆长度限值如下。

$C=(102-H)/1.2$，$W=C-5$

式中：

$C=W+D$——工作区电缆、电信间跳线和设备电缆的长度之和；

D——电信间跳线和设备电缆的总长度；

W——工作区电缆的最大长度，且 $W \leqslant 22$ m；

H——水平电缆的长度。

【实现步骤】

1. 测量线缆长度

根据项目一综合布线系统施工平面图上的标识，测量好配线间到模块面板所需的线缆长度，并注意线缆预留的长度。一般来说，在配线间内预留 60 ～ 80 cm，在模块端预留 10 cm。

2. 为线缆编号

将线缆的一端贴上编号，必须与系统施工平面图一致，如图 3-26 所示。

3. 穿线

将线缆穿过线管，如图 3-27 所示。

图 3-26　贴线缆编号

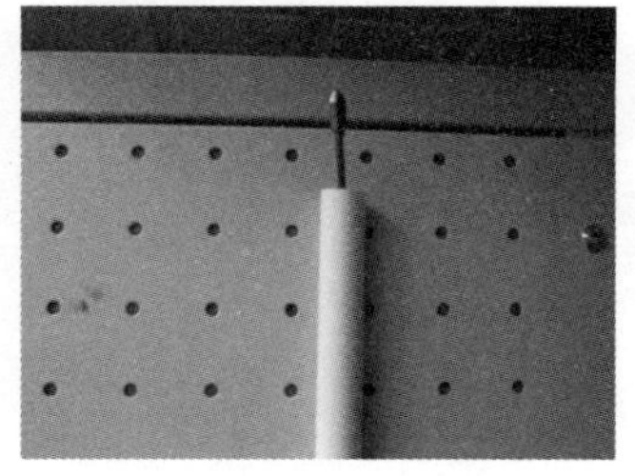

图 3-27　穿线

【小贴士】

在敷设线缆过程中要注意以下几点。

①线缆两端预留的长度要合适。

②线缆标识要与系统施工平面图一致。

③用到的工具及材料：双绞线、标签。

小　　结

本项目主要介绍了管槽及配件的定位安装与线缆的敷设方法。在敷设的过程中，设计和安装要符合相关国家标准的要求。

实　　训

1. 准备一条长度为 1 m 的 PVC 线槽，在距左端 30 cm 处自制直角，在距左端 60cm 处自制内弯角，在距左端 80 cm 处自制外弯角。

2. 在模拟实训墙上的同水平高度位置安装两个底盒，两个底盒间敷设一条线槽连接，注意保持线槽的横平竖直。

3. 在模拟实训墙上安装两个底盒，水平高度保持 50 cm 落差，两个底盒间敷设一条线管连接，注意保持线管弯角的弧度。

读书笔记

项目四　楼层配线间的布线施工

【项目背景】

某职校配线间（管理间）分布在建筑物每层的配线间建筑用房内，由配线间的配线设备(双绞线跳线架、光缆跳线架、机柜)以及输入/输出设备等组成，主要用于干线子系统与配线子系统的转接。配线间交连方式取决于工作区设备的需要和数据网络的拓扑结构。通过配线间的中转，可以方便地管理复杂的网络，提供灵活配置、故障检测与简单隔离功能。

【能力目标】

①熟悉配线间设计的要求。

②掌握各类配线架的端接。

③掌握配线间管理的相关要求。

【项目说明】

根据项目一的综合布线系统施工平面图，以信息部大楼4楼409房间为例，详细介绍楼层配线间的布线施工方法，包括配线间的设计、各类配线架的端接，以及配线间的管理。

任务一　配线间的设计

【任务目标】

掌握配线间的设计原则及步骤。

【任务说明】

根据综合布线系统工程设计规范的要求，对配线间进行合理设计。

【相关知识】

大楼可根据实际需要在每一楼层设置一个配线间或几个楼层共用一个配线间，此时要注意水平线缆的最大距离。作为配线间，应根据管理的网络信息点的数量来安排所使用房间的大小。如果信息点多，就应该考虑配备一个独立房间来放置；如果信息点少，可考虑选用墙上型机柜或普通小机柜来管理。

设计步骤：一般根据楼层信息点的总数量和分布密度情况设计配线间，首先按照各工作区子系统需求确定每个楼层工作区信息点总数，然后确定配线间子系统线缆长度，最后确定配线间的位置，完成配线间子系统设计。

【实现步骤】

1. 现场勘察

在确定配线间位置前，搜集、确认相关的工程历史资料是必要的。如果建设方有建筑物设计图纸，需要先查阅建筑物图纸，通过阅读建筑物图纸掌握建筑物的土建结构、强电路径、弱电路径，特别是主要电器管理和电源插座的安装位置，重点掌握配线间附近的电器管理、电源插座、暗埋管线等，并进行现场勘察。严格遵守国家标准 GB 50311—2016 的要求，准确使用综合布线规范术语和符号，合理确定并准确标注关键点。根据现场勘察结果，按照每个楼层工作区信息点总数，确定配线间子系统线缆长度，经测量后确定配线间的位置。然后分析并决定是否每个楼层设置独立的配线间或是几个楼层共用一个配线间。最后确定楼层配线架的位置和数量。

2. 设计配线间

①配线间设计原则：每个楼层一般至少设置 1 个配线间。特殊情况下，信息点数量较少，且水平线缆长度不大于 90 m 的情况下，应几个楼层合设 1 个配线间。如果该楼层信息点数量不大于 400 个，水平线缆长度在 90 m 以内，应设置 1 个配线间，当超出这个范围时应设置 2 个或多个配线间。在实际工程应用中，为了方便管理和保证网络传输速度或者节省布线成本，可以在信息点密集的地方加一个管理机柜。例如，学生公寓信息点密集，使用时间集中，渠道很长，也可以按照 100 ～ 200 个信息点设置一个管理间，将配线间机柜明装在楼道。此外，配线间设计时要留有一定的余量（10% ～ 20%），以满足将来网络设备的扩充需要。

②楼层配线间面积：GB 50311—2016 中规定配线间的使用面积不应小于 5 m^2，也可根据工程中配线管理和网络管理的容量进行调整；一般新建楼房都

有专门的垂直竖井，楼层的配线间基本都设在建筑物竖井内，面积在 3 m^2 左右；在一般小型网络综合布线系统工程中配线间也可能只是一个网络机柜。

③楼层配线间电源要求：应尽量保持室内无尘土、通风良好、室内照明不低于 150 lx；提供单相三线 220 V 设备用电电源插座；提供弱电保护接地设施，任意配线架的金属基座、电缆桥架都应接地，接地电阻不大于 3 Ω。

④楼层配线间门的要求：配线间应采用外开丙级防火门，门宽大于 0.7 m。

⑤楼层配线间环境要求：配线间内温度应为 10 ～ 35 ℃，相对湿度应保持在 20% ～ 80%；一般应该考虑网络交换机等设备发热对配线间温度的影响，在夏季配线间温度不能超过 35 ℃；位置一般位于楼层中间，靠近弱电井，远离电磁、振动等干扰源；确保安全，包括防火、防水、防潮、防爆、防止非授权改动跳接。

任务二　配线架的端接

【任务目标】

掌握数据配线架、110 语音配线架以及光缆配线架的端接方法。

【任务说明】

完成配线间数据配线架、110 语音配线架、光缆配线架的端接。

【实现步骤】

配线间的设备一般包括数据配线架、110 语音配线架、光缆配线架、理线架、机柜和交换机等。此处主要学习数据配线架、110 语音配线架和光缆配线架的端接。

1. 数据配线架的端接

首先，使用剥线器对线缆剥线，要求力度均匀，不要伤及线芯，剥线长度为 30 mm 左右，并剪掉白色牵引线；其次，根据配线架端接的线序标准，把线分成 4 个线对；然后，把 4 对线压到配线架上；最后，使用打线钳将压入的 4 对线打入配线架上，如图 4-1 至图 4-4 所示。

按照上述步骤完成其他线缆的端接后，对每组线缆进行扎线，并在配线架端口上贴标签，如图 4-5 和图 4-6 所示。

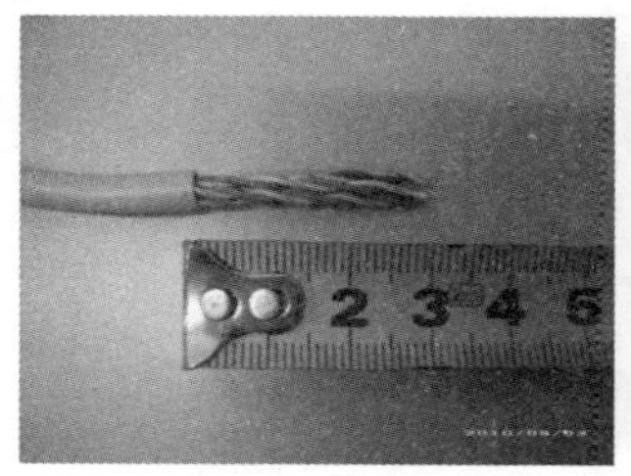

图 4-1　剥线

图 4-2　剪掉牵引线

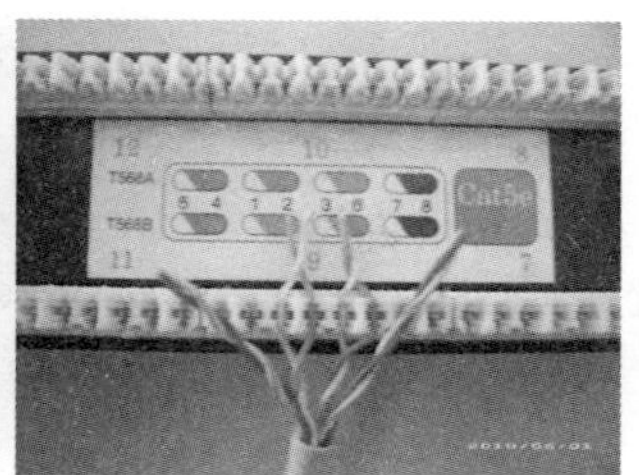

图 4-3　分线、压线

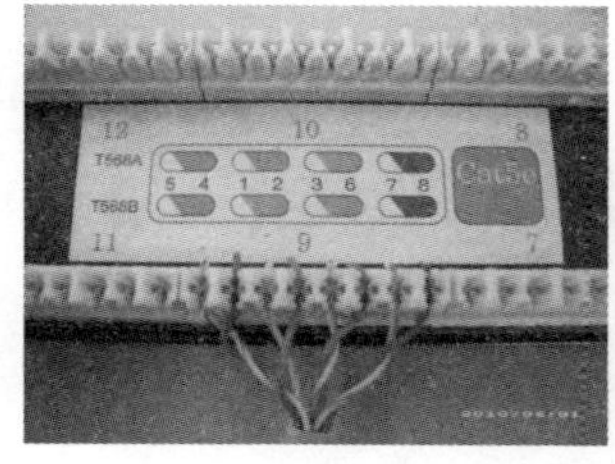

图 4-4　打线

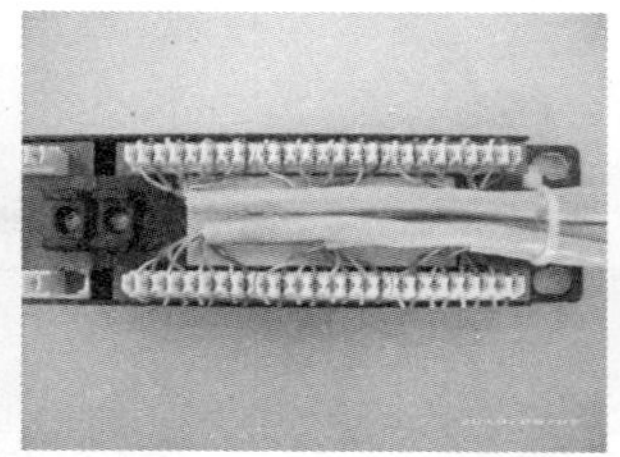

图 4-5　扎线

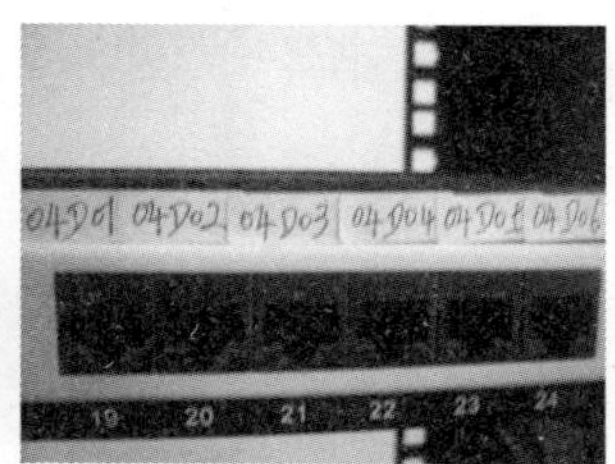

图 4-6　贴标签

2. 110 语音配线架的端接

①从机柜进线处开始整理电缆，电缆沿机柜两侧整理至配线架处，并留出大约 25 cm，用电工刀或剪刀把大对数电缆的外皮剥去，使用绑扎带固定好电缆，将电缆穿过 110 语音配线架左右两侧的进线孔，摆放至配线架打线处，如图 4-7 至图 4-12 所示。

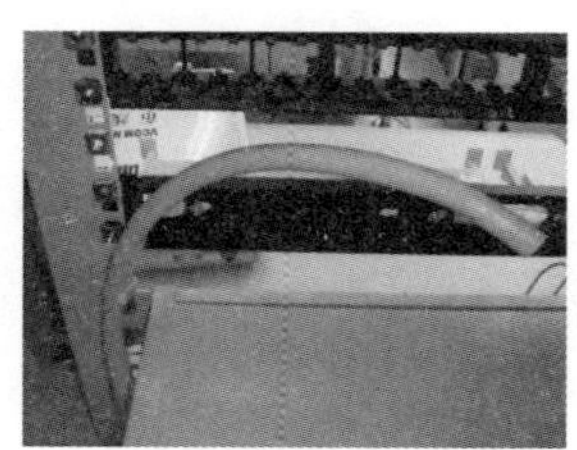

图 4-7　把 25 对线固定在机柜上

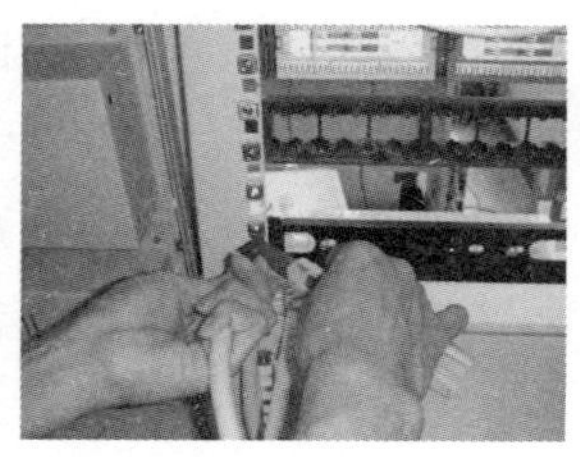

图 4-8　用刀把大对数电缆外皮剥去

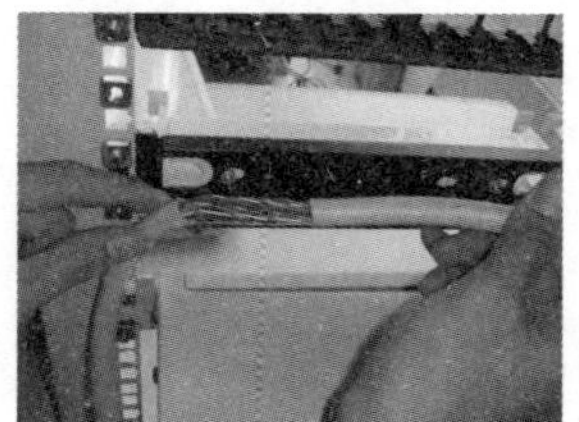

图 4-9　把线的外皮去掉

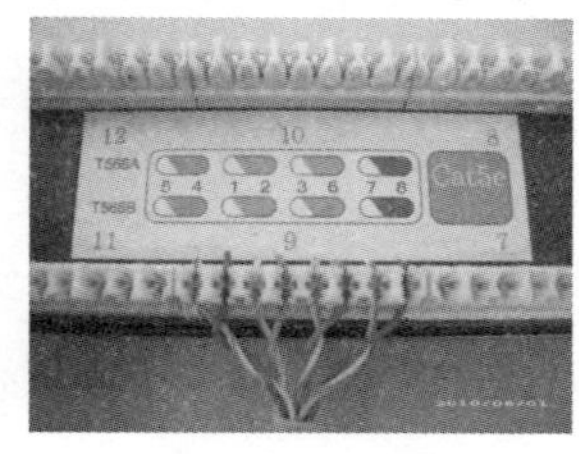

图 4-10　用剪刀把线撕裂绳剪掉

图 4-11 把所有线对插入 110 配线架进线口

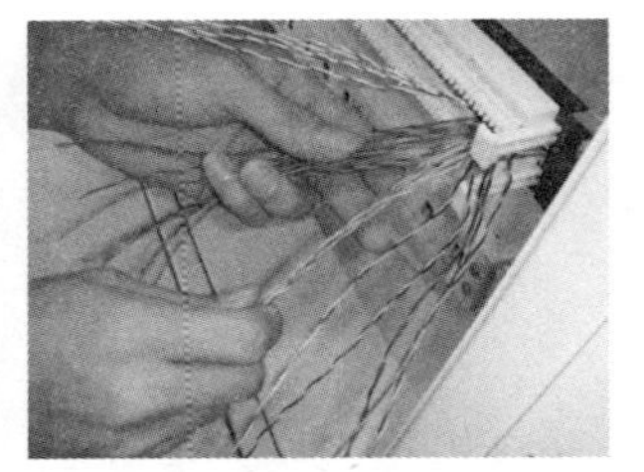

图 4-12 按大对数分线原则进行分线

②25 对线缆进行线序排线，首先进行主色分配，再进行配色分配，如图 4-13 和图 4-14 所示。

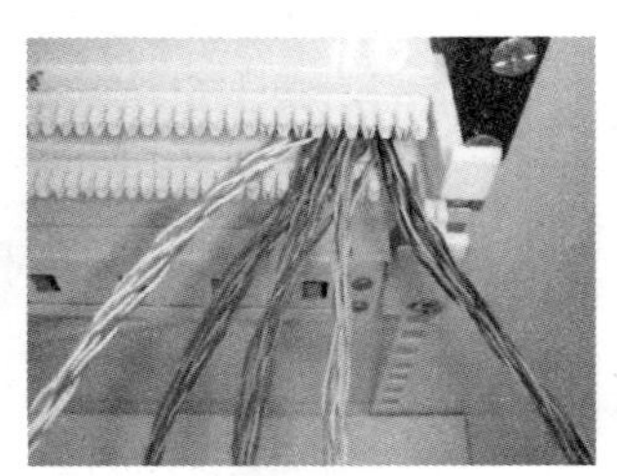

图 4-13 先按主色排列

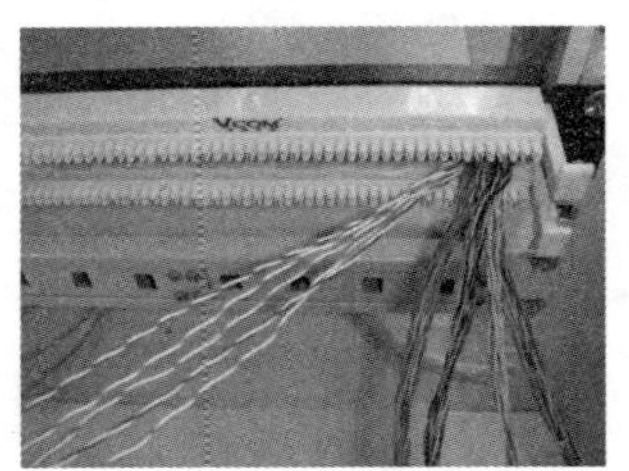

图 4-14 将主色里的配色排列

标准分配原则如下：

通信电缆线缆主色色谱排列为白、红、黑、黄、紫。

通信电缆线缆配色色谱排列为蓝、橙、绿、棕、灰。

一组线缆为 25 对，依据色带来分组，一共有 25 组，具体如下：

a. 白蓝、白橙、白绿、白棕、白灰；

b. 红蓝、红橙、红绿、红棕、红灰；

c. 黑蓝、黑橙、黑绿、黑棕、黑灰；

d. 黄蓝、黄橙、黄绿、黄棕、黄灰；

e. 紫蓝、紫橙、紫绿、紫棕、紫灰。

③根据电缆色谱排列顺序，将对应颜色的线对逐一压入槽内，然后使用打线工具固定线对连接，同时将伸出槽位外多余的导线截断，如图 4-15 至图 4-18 所示。

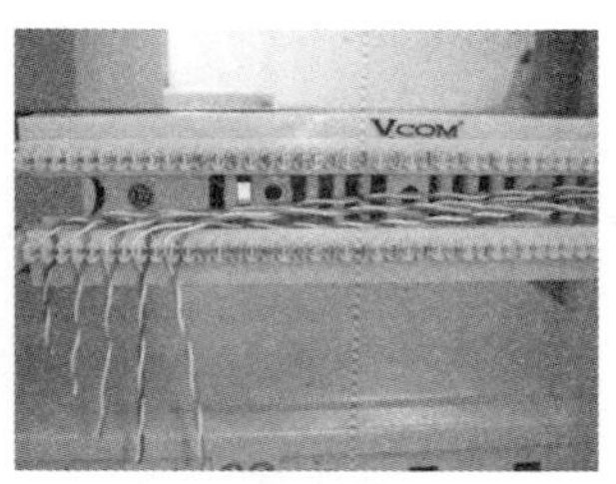

图 4-15　排列后把线卡入相应位置

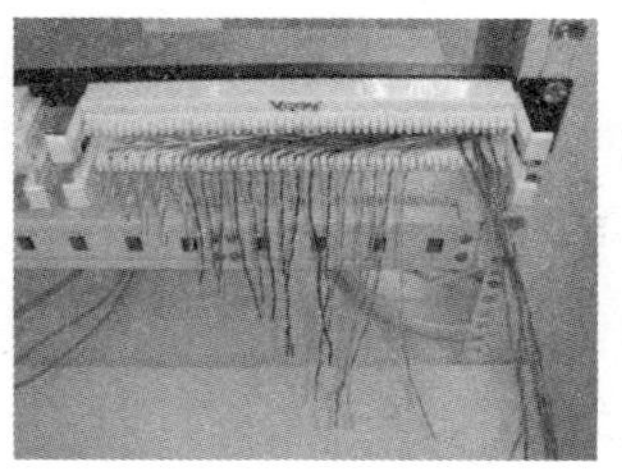

图 4-16　卡好后的效果图

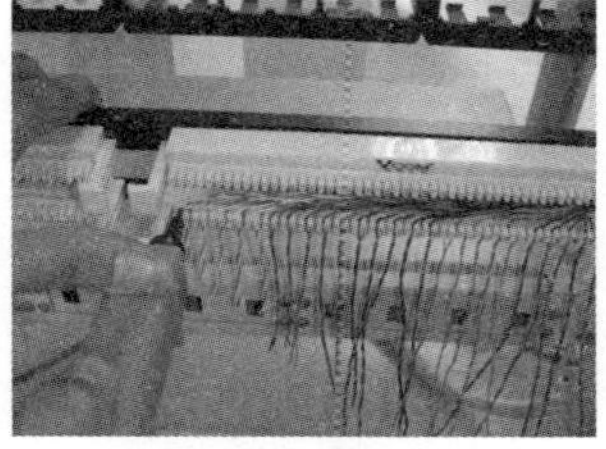

图 4-17　打断多余的线

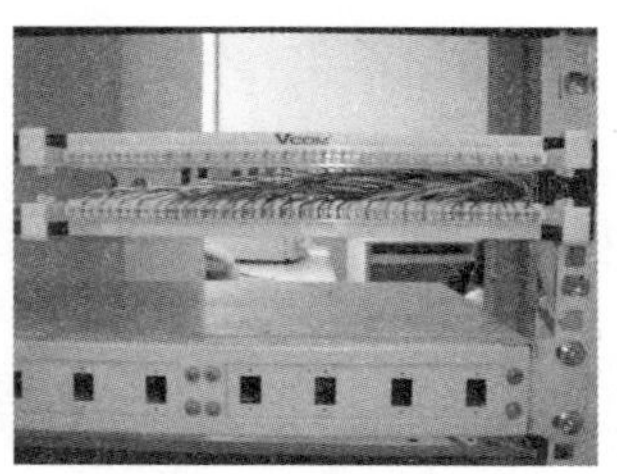

图 4-18　完成后的效果图

④当线对逐一压入槽内，再用 5 对打线刀把 110 语音配线架的连接端子压入槽内，并贴上编号标签，如图 4-19 至图 4-22 所示。

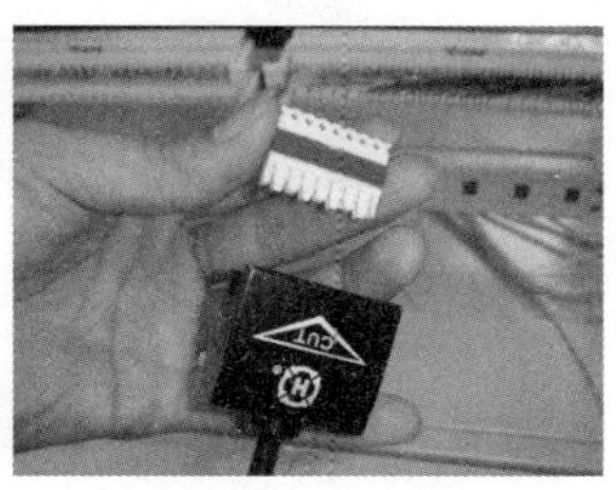

图 4-19　准备好 5 对打线刀

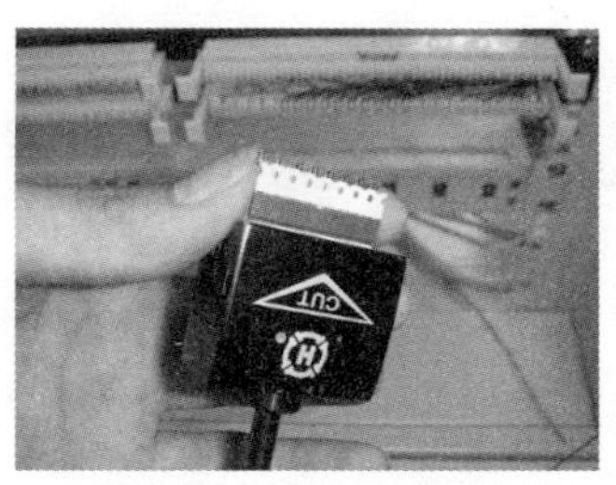

图 4-20　把端子放入打线刀里

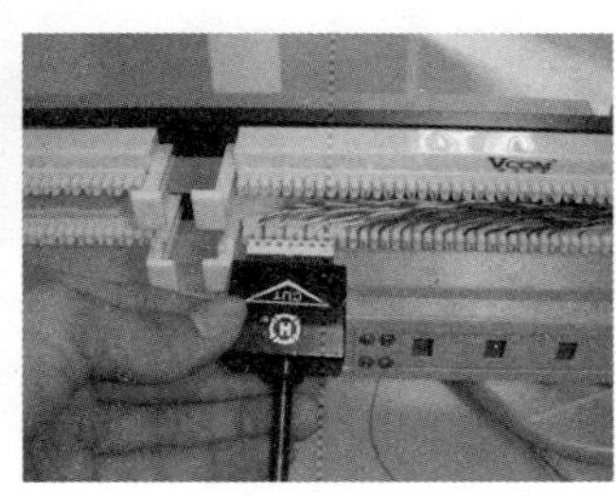

图 4-21　打入端子

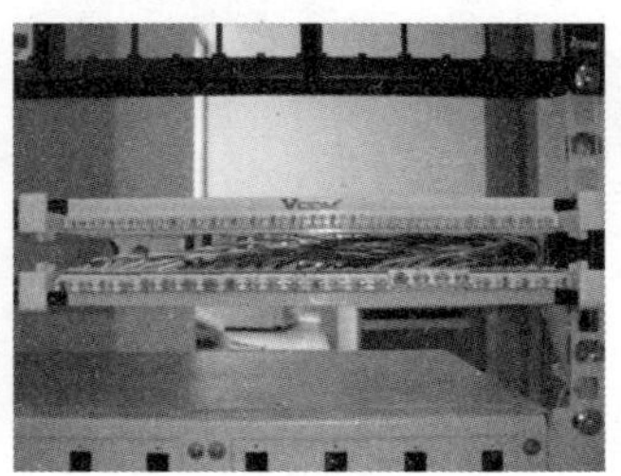

图 4-22　完成的效果图

3. 光缆配线架的端接

①剥开光缆，剪掉纤维，并将光缆固定到光缆配线盒内。

②将光缆穿过热缩管。

③制作光缆端面。

④裸纤的清洁。

⑤裸纤的切割。

⑥放置切割好的裸纤至熔接机。重复第①～⑥步，完成尾纤的操作。

⑦启动光缆熔接机，进行光缆的熔接，熔接完成后加热热缩套管。

⑧插入耦合器并盘光纤。

⑨贴标签。

⑩加盖板。

以上操作如图 4-23 至图 4-33 所示。

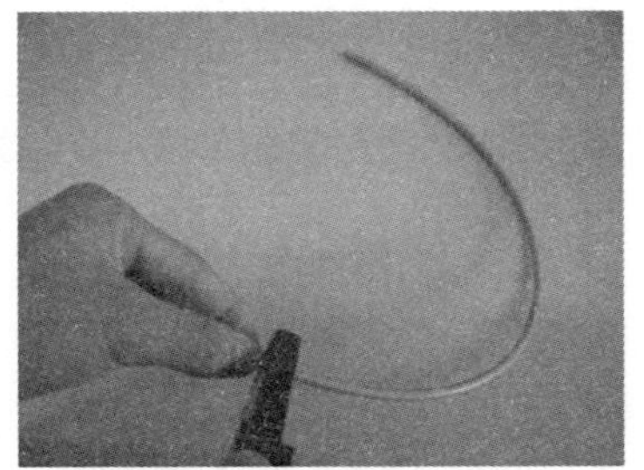

图 4-23　剥开光缆

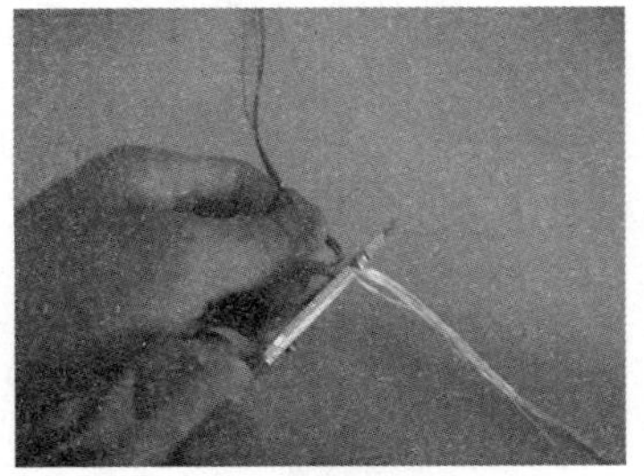

图 4-24　剪掉纤维

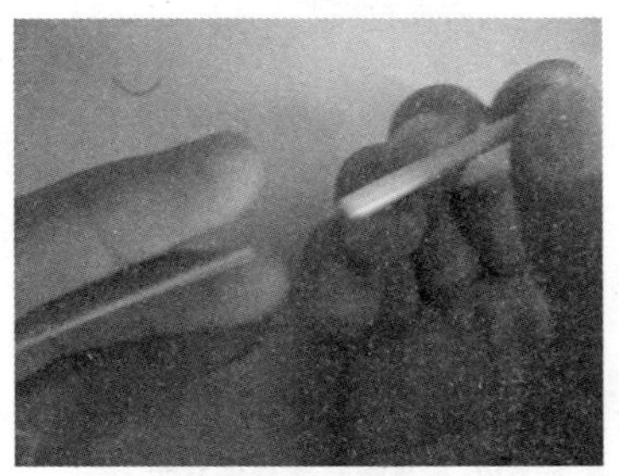

图 4-25　套热缩套管

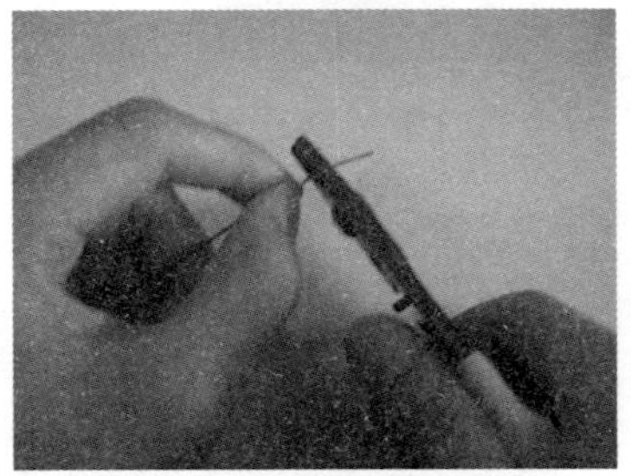

图 4-26　制作光缆端面

图 4-27　切割裸纤

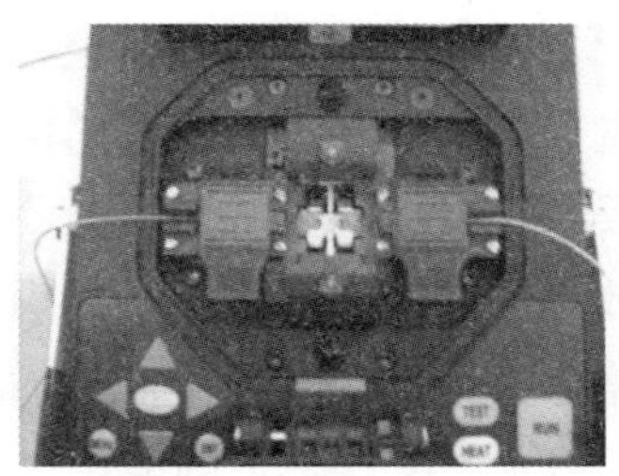

图 4-28　放置裸纤

图 4-29　熔接光缆

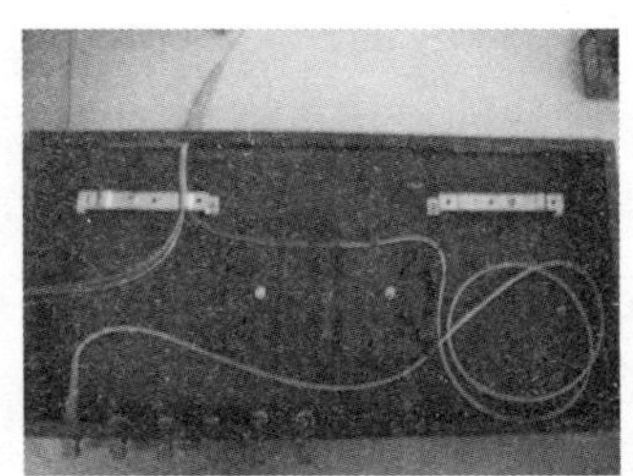

图 4-30　插入耦合器

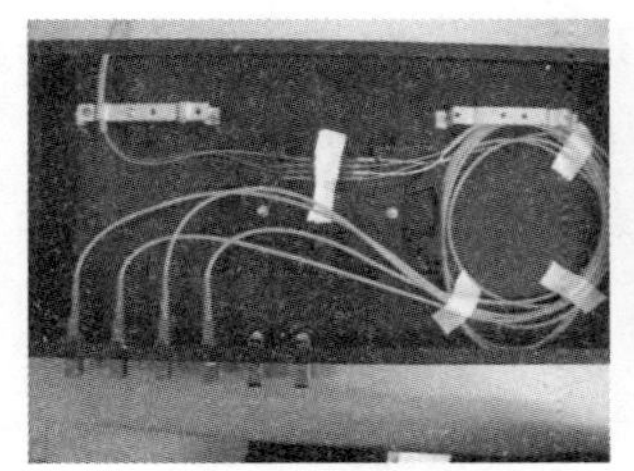

图 4-31　盘光纤

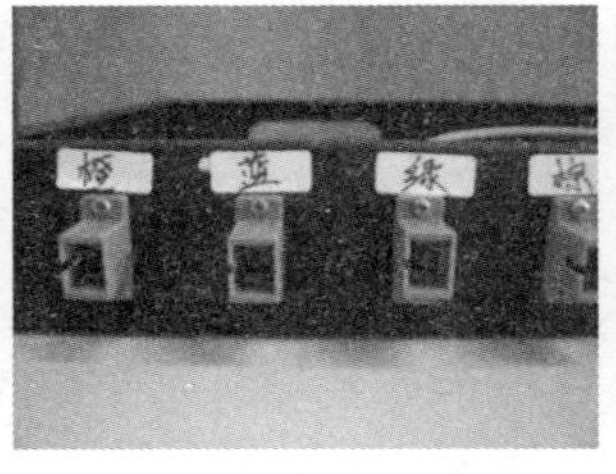

图 4-32　贴标签

图 4-33　加盖板

任务三　配线间的管理

【任务目标】

掌握配线间的管理相关知识。

【任务说明】

根据综合布线系统工程设计规范的要求，对配线架进行合理有序的管理。

【相关知识】

配线间的管理针对配线间、配线架、线缆、跳线及信息插座等设施，按照一定的规则进行标识并记录形成文档，为用户进行网络系统的维护、管理提供方便。配线间的管理过程贯穿整个网络的设计、施工、竣工、交付阶段，每一步都很重要。当项目投入使用后用户改变名称或编号时，必须及时制作名称变更对应表，作为竣工资料保存。

有效管理的主要手段就是标识，施工人员要标识线路经过的所有环节。这里的线路是指工作区中连接信息插座的水平线缆的线头、信息面板的插孔、配线架上的线头、配线架上的模块、配线架前面的插孔、跳线的两端线头等。

【实现步骤】

1. 标记设计

楼层配线间使用色标来区分配线设备的性质，标明端接区域、物理位置、编号、容量、规格等，以便维护人员在现场识别。综合布线系统使用三种标记：电缆标记、现场标记和插入标记。电缆和光缆的两端应采用不易脱落和磨损的不干胶条标明相同的编号。

楼层配线间的标识编制，应按下列原则进行。

①规模较大的综合布线系统应采用计算机进行标识管理，简单的综合布线系统应该按图纸资料进行管理，并应做到记录准确、及时更新、便于查阅。

②综合布线系统的每条电缆、光缆配线设备，端接点，安装通道和安装空间均应给定唯一的标志。标志中可包括名称、颜色、编号、字符串或其他组合。

③配线设备、线缆、信息插座等硬件均应设置不易脱落和磨损的标识，并应有详细的书面记录和图纸资料。

④同一条线缆或者永久链路的两端编号必须相同。

⑤设备间、交接间的配线设备宜采用统一的色标区别各类用途的配线区。

2. 标记施工

施工阶段是对信息点编号的具体实施。对线缆放线时，一般是从中间向信息点和配线间两端放线，这时就要对照信息点编号表对每一根线缆的两端做好相应的标记（可先用油性笔在线头上做暂时标记），并在后续的理线、打线过程中对编号的位置做适当的调整，最终制作出编号标记。对配线架、机柜、交换机等可在安装好之后进行相应的标记。

（1）线缆标识

线缆标识是机房标识中的重要部分之一。线缆标识的要求：配线和干线子系统电缆在每一端都要标识，用标签贴于线缆的每一端优于只给线缆做标志。作为适当的管理，额外的电缆标识可以放在中间的位置、管道的末端、主干的接合处、检修口和牵引盒。标识的应用要求：电缆标签要有一个耐用的底层，如乙烯基，这种材料有很好的一致性，并且能够经受弯曲，因此很适合用于包裹。推荐使用带白色打印区域和透明尾部的标签，这样当包裹电缆时可以用透明尾部覆盖打印的区域，起到保护作用，透明的尾部应该有足够的长度以包裹电缆一圈或一圈半，如图 4-34 所示。

标识材质要求：建议按照“永久标识”的概念选择材料，标签寿命应能与布线系统设计的寿命相对应；建议标签材料通过 UL969（或对应标准）认证以达到永久标识的要求；标签应打印，保持清晰、完整，并能满足环境的要求。

（2）标识配线架

当选择黏性标签时，要根据应用选择使用特殊表面设计的材料 / 底层。设备和其他元件的标签在本质上都是差不多的，但选择时要小心，因为标签不同的黏性适合不同的表面。

配线架标识规定：配线架的编号方法应当包括机架和机柜的编号，以及该配线架在机架和机柜中的位置，配线架在机架和机柜中的位置可以自上而下用英文字母表示，如果一个机架或机柜有不只 26 个配线架，需要两个特征来识别，如图 4-35 所示。

图 4-34　线缆标签

图 4-35　配线架的标识

小　　结

在本项目的学习和操作过程中，主要完成了楼层配线间的布线施工，包括配线间的设计，各类配线架的端接，以及配线间的管理。通过学习，学生应熟练掌握配线间的设计和管理，并能熟练端接配线间内各类配线架。

实　　训

1. 完成 24 口配线架的端接及扎线。
2. 完成 110 语音配线架的端接。
3. 完成 4 芯多模光缆的熔接并盘纤。

读书笔记

项目五　楼层干线的布线施工

【项目背景】

干线子系统用于连接各配线间，以实现计算机设备、交换机、控制中心与各管理子系统之间的连接。它主要包括主干传输介质和与介质终端连接的硬件设备。干线子系统应由设备间的配线设备和跳线，以及设备间至各楼层配线间的连接电缆组成。它是智能化建筑物综合布线系统的中枢部分，与建筑设计密切相关。楼层干线的布线施工应主要确定垂直路由的数量和位置、垂直部分的建筑方式和干线系统的连接方式。

【能力目标】

①了解干线子系统的设计要求。

②掌握干线子系统线缆类型的选择、布线方法的选择以及接合方法的选择。

【项目说明】

根据项目一的信息部大楼平面图，信息部大楼中心机房位于 3 楼 306 房间。本项目以从中心机房向位于 4 楼 409 房间的楼层机房敷设干线系统为例，详细介绍干线子系统的设计、布线方法及接合方法的选择等知识。

任务一　干线子系统的设计

【任务目标】

了解干线子系统的设计要求。

【任务说明】

本任务主要介绍干线子系统的相关设计要求。

【实现步骤】

1. 确定干线子系统规模

干线子系统线缆是建筑物内的主干电缆。我们已经知道，在大型建筑物内都有开放型通道和弱电间。开放型通道通常是从建筑物的最底层到楼顶的一个开放空间，中间没有隔板，如通风通道或电梯通道。弱电间是一连串上下对齐的小房间，每层楼都有一间。在这些房间的地板上预留圆孔或方孔，或者靠墙安放桥架。在综合布线中，把方孔称为电缆井，把圆孔称为电缆孔。

干线子系统通道由一连串弱电间地板垂直对准的电缆孔或电缆井组成。弱电间的每层封闭型房间作为楼层配线间。确定干线通道和配线间的数目时，主要从服务的可用楼层空间来考虑。如果在给定楼层需要服务的所有终端设备都在距配线间 75 m 范围之内，则采用单干线子系统；凡不符合这一要求的，则要采用双通道干线子系统，或者采用由分支电缆与楼层配线间相连接的二级交接间。

2. 确定每层楼的干线

在确定每层楼的干线线缆类别和数量要求时，应当根据配线子系统所有的语音、数据、图像等信息插座需求进行推算。

3. 确定整座建筑物的干线

整座建筑物的干线子系统信道的数量是根据每层楼布线密度来确定的。一般每 10 m^2 设一个电缆孔或电缆井较为适合。如果布线密度很高，可适当增加干线子系统的信道。整座建筑物的干线线缆类别、数量与综合布线设计等级和配线子系统的线缆数量有关。

在确定了各楼层干线的规模后，将所有楼层的干线分类相加，就可确定整座建筑物的干线线缆类别和数量。

在每个设计阶段开始前，需要系统规划一下管理区、设备间和不同类型的服务，应估计一下在该阶段最大规模的连接，以便确定该阶段所需要的最大规模的主干线总量。另外，设计主干线缆布线时还需注意以下几点。

①网络线一定要与电源线分开敷设，但是，其可以与电话线及有线电视电缆置于同一个线管中。布线时，拐角处不能将网线折成直角，以免影响正常使用。

②强电和弱电通常应当分置于不同的竖井内。如果不得已需要使用同一个竖井，那么必须分别置于不同的桥架中，并且彼此相隔 30 cm 以上。

③网络设备必须分级连接，即主干线缆布线只用于连接楼层交换机与骨干

交换机，而不用于直接连接用户端设备。

④大对数双绞线电缆容易导致线对之间的近端串音以及近端串音的叠加，对高速数据传输十分不利。除非必要，不要使用大对数电缆作为主干布线电缆。

任务二　干线子系统线缆类型的选择

【任务目标】

掌握干线子系统布线的线缆类型选择的原则。

【任务说明】

根据工程的相关需求为干线子系统选择合适的线缆。

【相关知识】

干线子系统布线应能满足不同用户的需求，应根据应用需求选择不同的传输介质。选择传输介质时一般作如下考虑：业务的灵活性、布线的灵活性、布线所要求的使用期、现场面积和用户数量。每条特定介质类型的电缆都有其特点和作用，以适应不同的情况。若一种类型的电缆不能满足同一地区所有用户的需要时，就必须在主干线缆布线中使用一种以上的传输介质。在这种情况下，不同传输介质将使用同一位置的交叉连接设备。

一般情况下，干线线缆可选择 100 Ω 双绞线电缆（图 5-1）、62.5/125 μm 多模光缆（图 5-2）、50/125 μm 多模光缆（图 5-3），它们可单独使用，也可混合使用。

针对语音传输的要求，传输介质一般采用三类大对数双绞线电缆（25 对、50 对等），如图 5-4 所示，针对数据和图像传输需要一般采用多模光缆或 5 类及以上大对数双绞线电缆。主干线缆通常敷设在开放的竖井和过线槽中，必要时可予以更换和补充。在设计时，对干线子系统一般以满足近期需要为主，根据实际情况进行总体规划，分期分步实施。

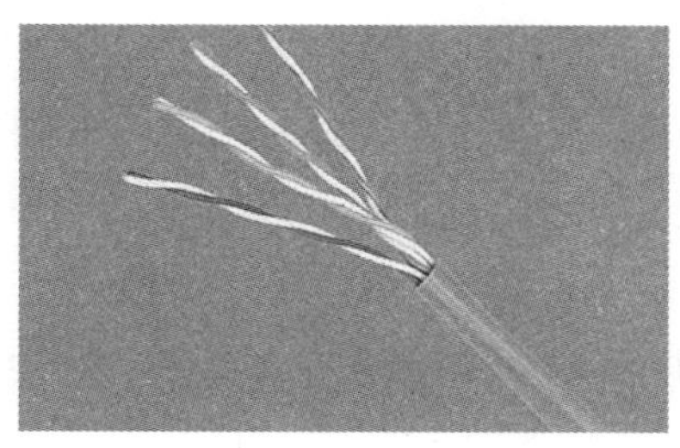

图 5-1　双绞线电缆

图 5-2 62.5/125 μm 多模光缆

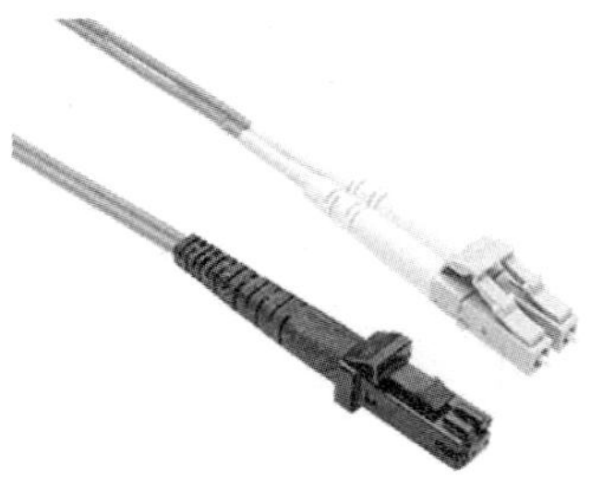

图 5-3 50/125 μm 多模光缆

图 5-4 大对数双绞线电缆

在带宽需求量较大，传输距离较长和保密性、安全性要求较高的干线以及雷电、电磁干扰较强的场所，应首先考虑选择光缆。

选择单模光缆还是选择多模光缆，要考虑数据应用的具体要求、光缆设备的相对经济性能指标及设备间的最远距离等情况。多模光缆以发光二极管（LED）作为光源，适合的局域网速度为 622 Mb/s，可提供的工作距离从 300 ～ 2000 m 不等，与利用激光器光源在单模光缆上工作的设备相比更加经济实惠。因发光二极管的工作速度不够快且不足以传送更高频率的光脉冲信号，故在千兆字节的高速网络应用中需要采用激光光源。因此单模光缆可以支持高速应用及较远距离的应用情况。根据单模光缆和多模光缆的不同特点，大楼内部的主干线路宜采用多模光缆，而建筑群之间的主干线路宜采用单模光缆。

5 类及以上大对数双绞线电缆容易引起线对之间的近端串扰以及它们间的近端串扰的叠加问题，这对于高速数据传输是十分不利的。另外，5 类及以上 25 对双绞线电缆在 110 语音配线架上的安装比较复杂，技术要求较高，可以考虑采用多根 4 对 5 类及以上双绞线电缆代替大对数双绞线电缆。

任务三　干线子系统布线方法的选择

【任务目标】

掌握干线子系统布线方法的选择原则。

【任务说明】

根据实际工程情况，合理选择布线的方法。

【相关知识】

通常理解的干线子系统是指逻辑意义上的干线子系统。事实上，干线子系统有垂直型的，也有水平型的。由于大多数建筑物都是向高空发展的，所以干线子系统一般都是垂直型的，但是也有某些建筑物是水平主干型的（不要与水平布线子系统相混），这意味着在一个楼层里可以有几个楼层配线架。应该把楼层配线架理解为逻辑上的楼层配线架，而不要理解为物理上的楼层配线架。所以，主干线缆路由既可能是垂直型通道，也可能是水平型通道，或者是两者的综合。

在大楼内从配线间到设备间的干线路由通常有以下四种方法。

1. 垂直干线的电缆孔方法

干线通道中所用的电缆孔是很短的管道，通常用直径为 100 mm 的一根或数根刚性金属管做成。它们嵌在混凝土地板中，这是在浇注混凝土地板时嵌入的，比地板表面高出 25 ～ 100 mm。电缆往往绑在钢绳上，而钢绳又固定到墙上已铆好的金属条上。当配线间上下结构都能对齐时，一般采用电缆孔方法，如图 5-5 所示。

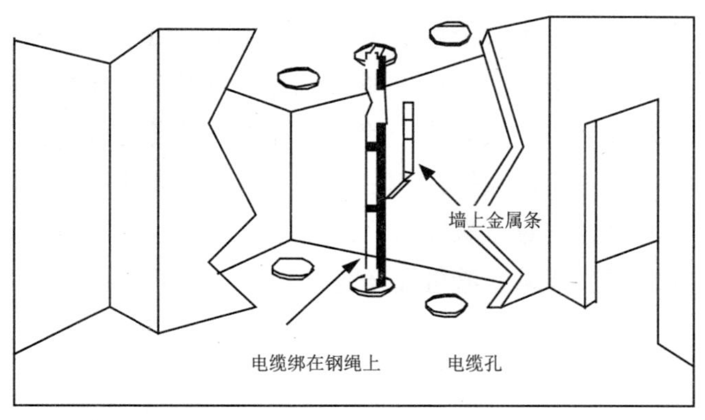

图 5-5　电缆孔方法

2. 垂直干线的电缆井方法

电缆井方法常用于干线通道。电缆井是指在每层楼板上开出一些方孔，使电缆可以穿过并从这层楼伸到相邻的楼层，如图 5-6 所示。电缆井的大小依据所用电缆的数量而定。与电缆孔方法一样，电缆也是捆在地板三脚架上或箍在支撑用的钢绳上，钢绳依靠墙上金属条或地板三脚架固定。离电缆井很近的墙上立式金属架可以支撑很多电缆。电缆井的选择性非常灵活，可以让粗细不同的各种电缆以任何组合方式通过。

电缆井方法虽然灵活，但在原有建筑物中用电缆井安装电缆造价较高，并且防火能力很差。若在安装过程中没有采取措施去防止损坏楼板支撑件，则楼板的结构完整性将受到破坏。

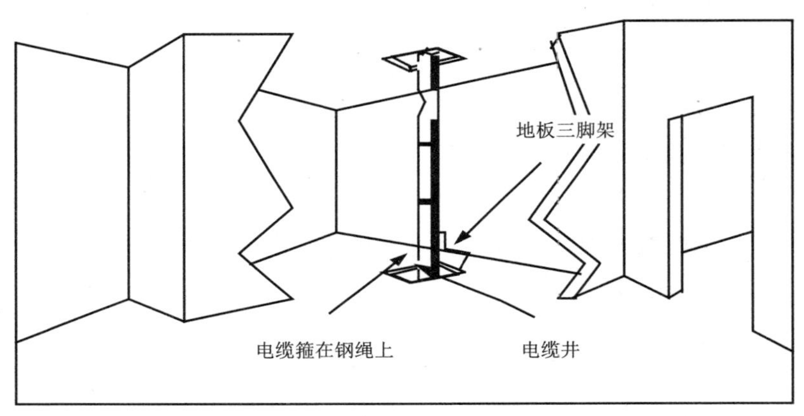

图 5-6　电缆井方法

3. 水平干线的金属管道方法

金属管道方法是指在干线子系统中，利用金属管道来安放和保护电缆。金属管道由吊杆支撑。打吊杆时，一般间距 1 m 左右安装一对吊杆，如图 5-7 所示。

在开放式通道和横向干线系统中的金属管道对电缆起机械保护作用。金属管道不仅有防火的优点，而且提供的密封和坚固的空间使电缆可以安全地延伸到目的地。但金属管道很难重新布置，因而不太灵活；造价也较高，必须事先进行周密的计划以保证金属管道粗细合适，并延伸到正确的地点。

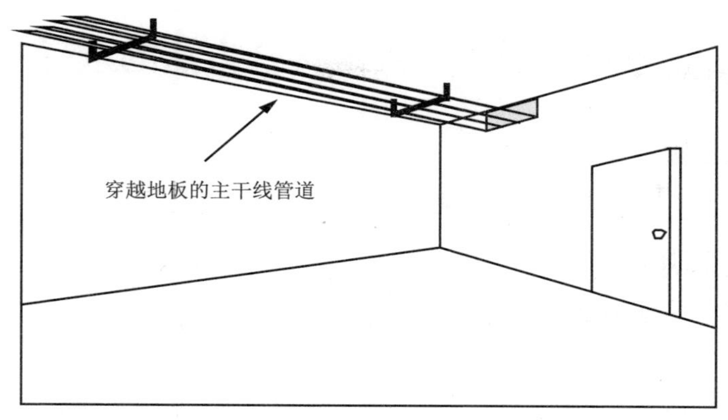

图 5-7　金属管道方法

4. 水平干线的电缆托架方法

托架有时也叫作电缆托盘，它们是铝制或钢制部件，外形像梯子。如果把它搭在建筑物的墙上，就可以供垂直电缆走线；如果把它搭在天花板上，就可供水平电缆走线。使用托架走线槽时，一般是 1 ～ 1.5 m 安装一个托架。电缆在托架上由水平支撑件固定，必要时还要在托架下方安装电缆铰接盒，以保证在托架上方已装有其他电缆时可以接入电缆，如图 5-8 所示。托架方法适合电缆数目较多的情况。

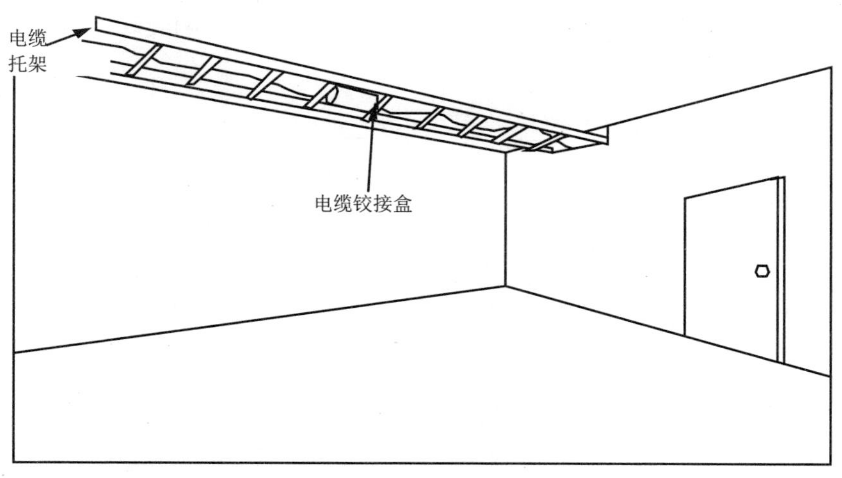

图 5-8　电缆托架方法

任务四　干线子系统接合方法的选择

【任务目标】

掌握干线子系统接合方法的选择。

【任务说明】

根据建筑物结构和用户要求，采用合适的接合方法来完成干线子系统的接合。

【相关知识】

主干线路的连接方法（包括干线交接间与二级交接间的连接）主要有点对点端接和分支接合两种方法。

1. 点对点端接法

点对点端接法是最简单、最直接的线缆接合方法，每根干线电缆直接延伸到楼层配线间，如图 5-9 所示。此接法只用一根电缆独立供应一个楼层，其双绞线对数或光缆芯数应能满足该楼层的全部用户信息点的需要。此接法的主要优点：主干线路采用容量小、质量轻的电缆单独供线，没有配线的接续设备介入，发生障碍时容易判断和测试，有利于维护管理，是一种最简单的直接相连的方法。此接法的缺点：电缆条数多、工程造价增加、占用干线通道空间较大；各个楼层电缆容量不同，安装固定的方法和器材不一，影响美观。

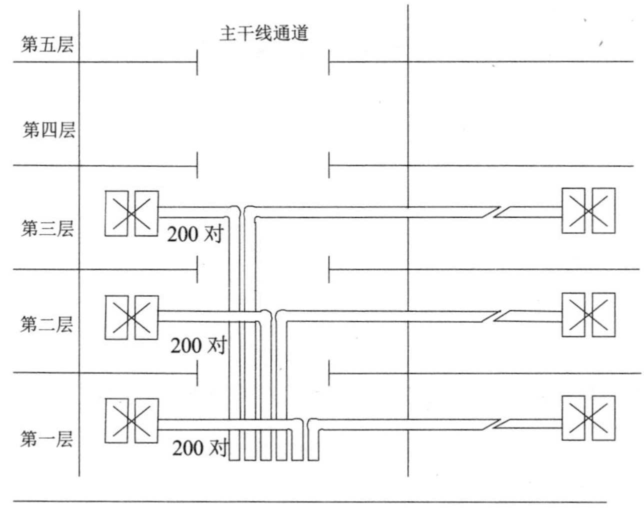

图 5-9　点对点端接法

2. 分支接合方法

分支接合是指采用一根通信容量较大的电缆通过接续设备，将其分成若干根容量较小的电缆后分别连到各个楼层，如图 5-10 所示。分支接合方法的主要优点是干线通道中的电缆条数少、节省通道空间，有时比点对点端接方法工程费用少。此接法的缺点：由于电缆容量过于集中，电缆发生障碍时波及范围较大；由于电缆分支经过接续设备，在判断检测和分隔检修时增加了困难和维护费用。

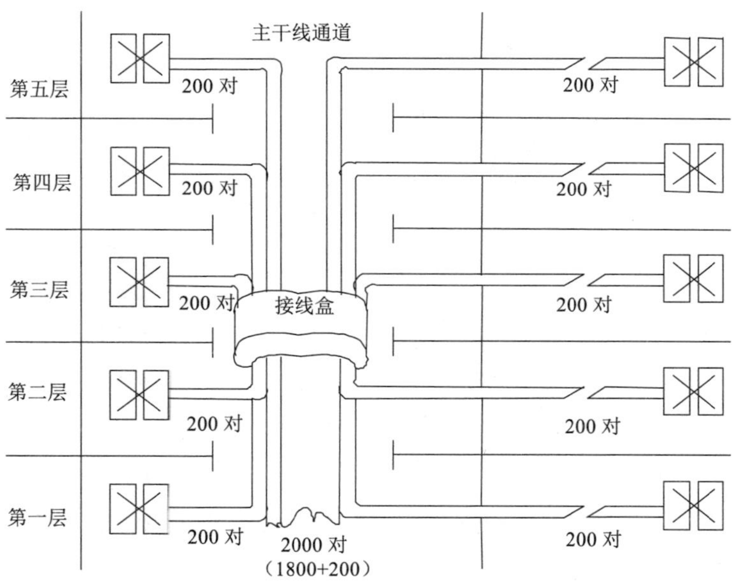

图 5-10　分支接合方法

小　　结

在本项目的学习过程中，主要学习了干线子系统的设计、干线子系统线缆类型的选择、干线子系统布线方法的选择，以及干线子系统接合方法的选择。我们在设计施工的时候，要合理地进行选择，以达到最优化的效果。

实　训

1. 干线子系统的设计要求有哪些?
2. 干线子系统中传输介质有哪些?
3. 如何选择干线子系统布线的线缆？
4. 干线子系统的布线方法有哪些?
5. 干线子系统的接合方法有哪些?

读书笔记

项目六　建筑群主干光缆的布线施工

【项目背景】

某职校除了有信息大楼以外，还有商贸大楼、行政大楼、艺术大楼、财经大楼，需要将各栋大楼通过主干光缆布线与行政大楼的网络中心相连，使得彼此之间的语音、数据、图像和监控等系统可用传输介质和各种支持设备（硬件）连接在一起。连接各建筑物的传输介质和各种支持设备组成一个建筑群布线系统。连接各建筑物的线缆组成建筑群主干线缆布线系统。

【能力目标】

①了解建筑群主干光缆布线的设计方法。

②熟悉建筑群主干光缆布线的施工方法。

③掌握光缆熔接方法。

【项目说明】

本施工方案将学校的网络中心设置在行政大楼的第三层。本项目将详细介绍建筑群主干光缆的布线设计、布线方案和施工方法。建筑群主干线缆布线系统是一个范围较大的网络，因此施工范围很广、工作量很大。在设计上，线缆的选择既要符合当前的用户要求，又要能满足以后发展的要求。另外，在光缆的敷设和熔接方面要按照具体要求和步骤来操作，以免浪费人力、物力和财力。

任务一　建筑群主干光缆布线设计

【任务目标】

了解建筑群主干光缆布线设计方法。

【任务说明】

学习建筑群主干光缆布线的设计要求、设计原则、特点以及主要设计步骤。

【相关知识】

1. 了解布线设计要求

（1）考虑整体布局

建筑群主干光缆布线子系统设计应充分考虑建筑群覆盖区域的整体环境美化要求，建筑群干线线缆尽量采用地下管道或线缆沟敷设方式。因客观原因最后选用了架空布线方式的，也要尽量选用原已架空布设的电话线或有线电视电缆的路由，干线线缆与这些电缆一起敷设，以减少架空敷设的线路。

（2）考虑未来发展需要

在线缆布线设计时，要充分考虑各建筑需要安装的信息点种类、信息点数量，选择相对应的干线线缆的类型以及线缆敷设方式，使综合布线系统建成后，保持相对稳定性，能满足今后一定时期内各种新的信息业务发展的需要。

（3）线缆路由的选择

考虑到要节省投资，线缆路由应尽量选择距离短、线路平直的路由。但具体的路由还要根据建筑物之间的地形和敷设条件而定。在选择路由时，应考虑原有已铺设的各种地下管道，线缆在管道内应与电力线缆分开敷设，并保持一定间距。

（4）线缆引入要求

建筑群干线电缆、光缆进入建筑物时，都要设置引入设备，并在适当位置终端转换为室内电缆或光缆。引入设备应安装必要的保护装置以达到防雷击和接地的要求。干线线缆引入建筑物时，应以地下引入为主，如果采用架空方式，应尽量采取隐蔽方式引入。

（5）线缆交接要求

建筑群的主干线缆布线的交接不应多于两次。从每幢建筑物的楼层配线架到建筑群设备间的配线架只应通过一个建筑物的配线架。

2. 掌握主要特点和设计原则

①建筑群子系统中建筑配线架等设备是装在屋内的，而其他所有线路设施都设在屋外，受客观环境和建设条件影响较大。

②由于综合布线系统大多数采用有线通信方式，一般通过建筑群子系统与公司通信网连成整体，从全程全网来看，也是公用通信网的组成部分，它们的使用性质和技术性能基本一致，其技术要求也是相同的。

③建筑群子系统的线缆是室外通信线路，通常建在城市市区公路两侧。

④建筑群子系统的线缆在校园式小区或智能化小区内敷设成为公用管线设施时，其建设计划应纳入该小区的规划，具体分布应符合智能化小区的远期发展规划要求（包括总平面布置），且与近期需要和现状相结合，尽量不与城市建设和有关部门的规定发生矛盾，使传输线路建设后能长期稳定、安全可靠地运行。

⑤在已建或正在建的智能化小区内，如已有地下电缆管道或架空通信杆路，应尽量设法将其利用起来。

3. 主干光缆布线设计步骤

建筑群主干光缆布线的设计可按照以下步骤进行。

（1）了解敷设现场的特点

①确定整个工地的大小。

②确定工地的地界。

③确定共有多少座建筑物。

（2）掌握线缆系统的一般参数

①确认起点位置。

②确认端点位置。

③确认涉及的建筑物和每座建筑物的层数。

④确定每个端接点所需的双绞线对数。

⑤确定有多个端点的每座建筑物所需的双绞线总对数。

（3）确定建筑物的线缆入口

对于现有建筑物，要确定各个入口管道的位置、每座建筑物有多少入口管道可供使用以及入口管道数目是否满足系统的需要。

如果入口管道不够用，则要确定在移走或重新布置某些线缆时是否能腾出某些入口管道，以便确认是否另行安装入口管道。

（4）确定明显障碍物的位置

①确定土壤类型：砂土、黏土、砾土等。

②确定线缆的布线方法。

③确定地下公用设施的位置。

④查清拟定的线缆路由中，沿线的各个障碍物位置及地理条件。

⑤确定对管道的要求。

（5）确定主线缆路由和备用线缆路由

①对于每一种待定的路由，确定可能的线缆结构。

②查清在线缆路由中哪些地方需要获准后才能通过。

③比较每个路由的优缺点，从而选定最佳路由方案。

（6）选择所需线缆的类型和规格

①确定线缆长度。

②画出最终的结构图。

③画出选定的路由位置和挖沟详图，包括公用道路图或任何需要审批后才能动用的地区草图。

④确定入口管道的规格。

⑤选择每种设计方案所需的专用线缆。

⑥如果需用管道，则应选择其种类、规格和材料。

（7）确定每种方案所需的劳务成本

①确定布线时间，主要包括确定迁移或改变道路、草坪、树木等所花的时间；如果使用管道区，则应包括敷设管道和穿线缆的时间；确定线缆接合时间；确定其他时间，如拿掉旧电缆、避开障碍物所需的时间。

②计算总时间。

③计算每种设计方案的成本（成本＝当地的工时费 × 总时间）。

（8）确定每种方案所需的材料成本

①确定线缆成本。

②确定所有支持结构的成本。

③确定所有支撑硬件的成本。

（9）选择最经济、实用的设计方案

①把每种选择方案的劳务费成本加在一起，得到每种方案的总成本。

②比较各种方案的总成本，选择成本较低者。

③确定该经济方案是否有重大缺点，以致抵消了经济上的优点。如果发生这种情况，则应取消此方案，考虑经济性较好的设计方案。

任务二　建筑群主干光缆布线方案

【任务目标】

熟悉建筑群主干光缆布线施工方法。

【任务说明】

学习建筑群主干光缆布线方案，其敷设方法主要有架空光缆敷设法、管道光缆敷设法和直埋光缆敷设法。

【相关知识】

1. 架空光缆敷设法

架空光缆敷设法通常只用于有现成的电线杆时，而且线缆的走法不是主要考虑的内容，从电线杆至建筑物的架空进线距离以不超过 30 m 为宜。建筑物的线缆入口可以是穿墙的线缆孔或管道。入口管道的最小口径为 50 mm。建议另设一根同样口径的备用管道，如果架空线的净空有问题，可以使用天线杆形的入口。该天线的支架一般不应高于屋顶 1.2 m。如果再高，就应使用拉绳固定。此外，天线杆形入口杆高出屋顶的净空间应有 2.4 m，该高度正好可使工人摸到线缆。

架空线缆通常穿入建筑物外墙上的 U 形钢保护套，然后向下（或向上）延伸，从线缆孔进入建筑物内部。

2. 管道光缆敷设法

管道光缆敷设法就是把直埋光缆设计原则与管道设计步骤结合在一起。当考虑建筑群管道系统时，还要考虑接合井。

在建筑群管道光缆系统中，接合井的平均间距约 180 m（或者在主结合点处设置接合井），接合井可以是预制的，也可以是现场浇筑的，应在结构方案中标明使用哪一种接合井。预制接合井是较佳的选择。现场浇筑的接合井只在下述几种情况下才允许使用。

①该处的接合井需要重建。

②该处需要使用特殊的结构或设计方案。

③该处的地下或头顶空间有障碍物，因而无法使用预制接合井。

④作业地点的条件（如沼泽地或土壤不稳固等）不适于安装预制人孔。

3. 直埋光缆敷设法

直埋光缆敷设法优于架空光缆敷设法，影响选择此法的主要因素有初始价格、维护费、服务可靠性和安全性及外观。

不要把任何一个直埋施工结构的设计或方法看成是提供直埋布线的最好或唯一方法。在选择某个设计或几种设计的组合时，重要的是采取灵活的、思路开阔的方法，这种方法既要适用，又要经济，还能可靠地提供服务。直埋布线的选取地址和布局实际上是针对每项作业对象专门设计的，而且必须对各种方案进行工程研究后再做出决定。工程的可行性决定了如何选择出最实际的方案。

在选择最灵活、最经济的直埋布线线路时，主要的物理因素如下。

①土质和地下状况。

②天然障碍物，如树林、石头以及不利的地形。

③其他公用设施（如下水道、水、气、电）的位置。

④现有或未来的障碍，如游泳池、表土存储场或修路。

任务三　光缆的施工

【任务目标】

掌握三种光缆的敷设方法和光缆熔接方法。

【任务说明】

学习了三种光缆的敷设方法后，尽量能够现场参与或观察光缆的施工过程，并完成光缆的熔接。

【相关知识】

1. 光缆施工时必须遵守的安全操作要求

光缆是通过石英光导纤维来传播信号的。由于光缆中的纤芯是由石英玻璃制成的，所以容易破碎。当施工人员操作不当时，石英玻璃碎片会扎伤人；当光缆连接不好或断裂时，会使人遭受光波辐射，伤害眼睛。因此在光缆施工时，有许多特殊要求。

经过严格训练的施工人员，也必须严格遵守下列安全操作程序。

①施工人员在进行光缆接续或制作光缆连接器时，必须佩戴眼镜和手套，穿上工作服。

②光缆工作区域应干净、安排有序、照明充足，并且配备瓶子和其他适宜的容器，供装玻璃或零星光缆碎屑使用。

③绝不允许用眼睛直接观看连接好并已通电的设备的光缆及其连接器，更不能使用光学仪器去观看这些光缆连接器。

④维护人员在光缆传输系统的维护工作中，只有在断开所有光源的情况下才能进行操作。

2. 光缆施工过程应注意的问题

在建筑物中，凡是敷设电缆的地方均能敷设光缆。例如，在干线子系统中，可将光缆敷设在弱电间内。敷设光缆的许多工具和材料也与敷设电缆相似，但是两者之间有如下两点重要区别：光缆的纤芯是由石英玻璃制成的，非常容易折断；光缆的抗拉强度比铜缆小。因此在进行光缆施工的过程中，基本的布放应注意以下两个方面的要求。

（1）光缆布放要求

①必须在施工前对光缆的端别予以判断，并确定 A、B 端，A 端应是网络枢纽的方向，B 端应是用户端，敷设方向应与端别保持一致。

②根据施工现场的光缆情况，结合工程实际，合理配盘与光缆敷设顺序相结合，充分利用光缆的盘长，在施工中宜整盘敷设，减少中间接头，不得任意切断光缆，造成浪费。管道光缆的接头位置应避开繁忙路口或有碍人们工作和生活的地方，直埋光缆的接头位置宜安排在地势平坦且地基稳固的地带。

③光缆接续人员必须经过严格培训，取得岗位合格证才能上岗操作。

④在装卸光缆盘作业时，应使用叉车或吊车，严禁将光缆盘直接从车上推落到地，这样会造成光缆盘的损坏，同时会发生安全事故。

⑤光缆在搬运及储存时应保持光缆盘竖立，严禁将光缆盘平放或叠放。在光缆盘的运输过程中，应将光缆固定。车辆在行进过程中宜缓慢，注意安全，防止发生事故。

⑥不论在建筑物内还是在建筑群间敷设光缆，应占用单独的管道管孔。如果利用原有管道和铜缆合用，应在管孔中穿放塑料子管；塑料子管的内径应为光缆外径的 1.5 倍；光缆在塑料子管中敷设，不应与铜缆合用同一子管。在建筑物内，光缆与其他弱电系统的线缆平行敷设时，应保持一定的间距分开敷设，并固定捆扎，各线缆间的最小净距应符合设计要求。

⑦遵守最小弯曲半径要求，最好以直线方式敷设。如需拐弯，光缆的弯曲半径在静止状态时至少应为光缆外径的 10 倍，在施工过程中至少应为 20 倍。

⑧光缆布放时要遵守最大拉力限制。由于光缆的抗拉强度比铜缆小，因此布放光缆时，不允许超过各种类型光缆的拉力强度。如果在敷设时违反了弯曲半径和抗拉强度的规定，则会引起光缆内纤芯断裂，致使光缆不能使用。光缆如果需要采用机械牵引，牵引力应用拉力计监视，不得超过规定值。光缆盘的转动速度应与光缆的布放速度同步，要求牵引的最大速度为 15 m/min，并保持恒定。光缆出盘处要保持松弛的弧度，并留有缓冲的余量但不宜过多，以免光

缆出现背扣。牵引过程中不得突然启动或停止，严禁硬拽猛拉，以免光缆受力过大而损伤。在敷设光缆全过程中，应保证光缆外护套不受损伤，以免影响光缆的密封性能。

建筑物光缆的最大安装张力及最小安装弯曲半径如表 6-1 所示。

表 6-1　建筑物光缆的最大安装张力及最小安装弯曲半径

光缆根数	张力 /N	半径 /mm
4	450	5.08
6	560	7.60
12	675	7.62

（2）管道填充率

在未经润滑的管道内同时可穿放的光缆最大数量是有限的，通常用管道填充率来表示，一般管道填充率在 31% ～ 50%。如果管道内原先已有光缆，则应用软鱼竿在管道中穿入一根新拉绳，这样可以最大限度地避免新光缆与原有光缆互相缠绕，提高敷设新光缆的成功率。

【实现步骤】

1. 架空光缆施工

敷设前，应按照《通信线路工程验收规范》（GB 51171—2016）和《市内电话线路工程施工及验收技术规范》（YDJ 38—1985）中的规定，在现场对架空杆路进行检验，确认合格且能满足架空光缆的技术要求时才能敷设光缆。

（1）架空光缆敷设方式

在架空光缆时，必须将它固定到两个建筑物或两根电杆之间的钢绳上。一般有以下三种敷设方式。

①吊线缠绕式架空方式。这种方式较稳固，维护工作少，但需要专门的缠绕机。

②吊线托架架空方式。这种方式简单便宜，在我国应用最为广泛，但持钩的加挂、整理比较费时。

③自承式架空方式。这种方式对电缆杆的要求高，施工、维护难度大，造价也高，国内目前很少采用。

（2）架空光缆施工的注意事项

在进行建筑群子系统主干光缆架空施工时，应注意以下几点。

①光缆的预留。光缆在架设过程中和架设后，受到最大负荷所产生的伸长

率应小于 0.2%。在中负荷区、重负荷区和超重负荷区布放的架空光缆，应在每根电缆杆上予以预留，对于中负荷区，每 3 ～ 5 杆做一处预留。配盘时，应将架空光缆的接续点放在电缆杆上或放在电缆杆附近 1m 左右处，便于接续，在接续处的预留长度应包括光缆接续长度和施工中所需的消耗长度。一般架空光缆接续处每侧预留长度为 6 ～ 10 m，在光缆终端设备一侧预留长度为 10 ～ 20 m。

②光缆的弯曲。当光缆经过十字形吊线连接处或丁字形吊线连接处时，光缆的弯曲应符合最小弯曲半径要求，光缆的弯曲部分应穿放聚乙烯管加以保护，其长度约为 30 cm；架空光缆用光缆挂钩将光缆挂在钢绞线上，要求光缆统一调整平直，无上下起伏。

③光缆的引上。管道光缆或直埋光缆引上后，光缆引上线处需加导引装置，与吊挂式的架空光缆相连接时，要留有一段用于伸缩的光缆。

④注意光缆中金属物体的可靠接地。特别是在山区、高电压电网区，一般每千米要有三个接地点，甚至可考虑使用非金属光缆。

⑤架空光缆与电力线交叉时，应在光缆和钢绞线吊线上采取绝缘措施。在光缆和钢绞线吊线外面采用塑料管、胶管或竹片等捆扎，使之绝缘。

⑥架空光缆的架设高度及其与其他设施接近或交叉时的间距，应符合有关电线缆路部分的规定。

2. 管道光缆施工

管道敷设光缆就是在建筑物之间或建筑物内预先敷设一定数量的管道（如塑料管道），然后再用牵引法布放光缆。

①在敷设光缆前，根据设计文件和施工图纸对选用光缆穿放的管孔大小和其位置进行核对，当所选管孔位置需要改变时（同一路由上的管孔位置不宜改变），应取得设计单位的同意。

②在敷设光缆前，应逐段将管孔清刷干净和试通。清扫时应用专制的清理工具，清扫后用试通棒试通检查合格，才可穿放光缆。如采用塑料子管，要求对塑料子管的材质、规格、盘长进行检查，均应符合设计规定。一般塑料子管的内径为光缆外径的 1.5 倍以上，一个 90 mm 管孔中布放两根以上的子管时，其子管等效总外径不宜大于管孔内径的 85%。

③当穿放塑料子管时，其敷设方法与光缆敷设基本相同，但必须符合以下规定。

第一，布放两根以上的塑料子管时，如管材已有不同颜色可以区别时，其端头可不必做标志；无颜色的塑料子管，应在端头做好有区别的标志。

第二，布放塑料子管的环境温度应在 -5 ～ 35℃，在过低或过高的温度下，应尽量避免施工，以保证塑料子管的质量不受影响。

第三，连续布放塑料子管的长度，不宜超过 300 m，塑料子管不得在管道中间接头。

第四，牵引塑料子管的最大拉力不应超过管材的抗张强度，在牵引时的速度要均匀。

第五，穿放塑料子管的水泥管管孔应采用塑料管堵头（也可采用其他方法），在管孔处安装，使塑料子管固定。塑料子管布放完毕，应将子管口暂时堵塞，以防止异物进入管内。

第六，本期工程中不用的子管必须在子管端部安装堵塞或堵帽。塑料子管应根据设计规定的要求，在人孔或手孔中留有足够长度。

第七，如果采用多孔塑料管，可免去对子管的敷设要求。

④光缆的牵引端头可以预制，也可以现场制作。为防止在牵引进程中发生扭转而损伤光缆，在牵引头与牵引索之间应加装转环。

⑤光缆采用人工牵引布放时，每个人孔或手孔应有人值守帮助牵引；机械布放光缆时，不需要每个孔均有人值守，但在拐弯处应有专人照看。在整个敷设过程中，必须严密组织，并有专人统一指挥。在牵引光缆过程中应有较好的联络手段，不应有未经训练的人员上岗或在无联络工具的情况下施工。

⑥光缆一次牵引长度一般不大于 1000 m。超长距离时，应将光缆盘成倒 8 字形分段牵引或在中间适当的地点增加辅助牵引，以减少光缆张力、提高施工效率。

⑦为了在牵引过程中保护光缆外护套等不受损伤，在光缆穿入管孔或管道拐弯处与其他障碍物有交叉时，应采用导引装置或喇叭等保护措施。此外，根据需要可在光缆四周加涂中性润滑剂等材料，以减少牵引光缆时的摩擦阻力。

⑧光缆敷设后，应逐个在人孔或手孔中将光缆放置在规定的托板上，并应留有适当余量，避免光缆过于紧绷。人孔或手孔中的光缆需要接续时，其预留长度应符合表 6-2 所示的规定。在设计中如有要求做特殊预留的长度，应按规定位置妥善放置（如预留光缆是为将来引入新建的建筑）。

表 6-2　光缆敷设的预留长度

光缆敷设方式	自然弯曲增加长度 /（m/km）	每个人（手）孔内弯曲增加长度 /m	持续每侧预留长度 /m	设备每侧预留长度 /m	备注
管道	5	0.5 ～ 1.0	一般为 6 ～ 8	一般为 10 ～ 20	其他预留按设计要求，管道或直埋光缆需引上架空线时，其引上地面的部分每处增加 6 ～ 8 m
直埋	7				

⑨光缆管道中间的管孔不得有接头。当光缆在人孔中没有接头时，要求光缆弯曲放置在电缆托板上固定绑扎，不得在人孔中间直接通过，否则既影响今后施工和维护，又增加对光缆损害的机会。

⑩当管道的管材为硅芯时，敷设光缆的外径与管孔内径的大小有关，因为硅芯管的内径与光缆外径的比值会直接影响敷设光缆的长度。现以目前最常用的几种硅芯管为例，其能穿过的光缆外径可参考表 6-3。

对于小芯数的光缆，按管道的截面利用率来计算更为合理，《综合布线系统工程设计规范》规定管道的截面利用率为 25% ～ 30%。

表 6-3　硅芯管内径与光缆外径适配表（单位：mm）

光缆外径	11 以下	12	12.5	13.5	14	15	16	17
硅芯管内径	26	26.28	28	28.33	28.33	33	33	33
光缆外径	18	19	20	21	21.5	23	24	25
硅芯管内径	33.42	33.42	33.42	33.42	42	42	42	42

⑪光缆与其接头在人孔或手孔中，均应放在人孔或手孔铁架的电缆托板上予以固定绑扎，并应按设计要求采取保护措施。保护材料可以采用蛇形软管或软塑料管等管材。

光缆在人孔或手孔中应注意以下几点。

第一，光缆穿放的管孔出口端应封堵严密，以防水分或杂物进入管内。

第二，光缆及其接续应有识别标志，标志内容有编号、光缆型号和规格等。

第三，在严寒地区应按设计要求采取防冻措施，以防光缆受冻损伤。

第四，当光缆有可能被碰损伤时，可在其上面或周围采取保护措施。

3. 直埋光缆施工

直埋敷设光缆与直埋敷设电缆的施工技术基本相同，就是将光缆直接埋入地下，除了穿过基础墙的那部分光缆有导管保护之外，其余部分没有管道予以保护。直埋光缆是隐蔽工程，技术要求较高，在敷设时应注意以下几点。

①直埋光缆的埋设深度应符合表 6-4 的规定。

表 6-4 直埋光缆埋深

敷设地段及土质		埋深 /m
普通土、硬土		≥ 1.2
砂砾土、半石质、风化石		≥ 1.0
全石质、流沙		≥ 0.8
市郊、村镇		≥ 1.2
市区人行道		≥ 1.0
公路边沟	石质（坚石、软石）	边沟设计深度以下 0.4
	其他土质	边沟设计深度以下 0.8
公路路肩		≥ 0.8
穿越铁路（距路基面）、公路（距路面基底）		≥ 1.2
沟渠、水塘		≥ 1.2
河流		按水底光缆要求

注：边沟设计深度为公路或城建管理部门要求的深度；石质、半石质地段应在沟底和光缆上方各铺 100 mm 厚的细土或沙土；沟底铺沙厚度可视为光缆的埋深；表中不包括冻土地带的埋深要求，对此在工程设计中应另行分析取定

②在敷设光缆前应先清洗沟底，沟底应平整，无碎石和硬土块等有碍于施工的杂物。若沟槽为石质或半石质，在沟底可预填 10 cm 厚的细土、水泥或支撑物，经平整后才能敷设光缆。光缆敷设后应先回填 20 cm 厚的细土或沙土保护层。保护层中严禁将碎石、砖块等混入，保护层采取人工轻轻踏平，然后在细土层上面覆盖混凝土盖板或完整的砖块加以保护。

③在同一路由上且同沟敷设光缆或电缆时，应同期分别牵引敷设。

④直埋光缆的敷设位置，应在统一的管线规划综合协调下进行安排布置，以减少管线设施之间的矛盾。直埋光缆与其他管线及建筑物间的最小净距如表 6-5 所示。

表 6-5　直埋光缆与其他建筑设施间的最小净距

名称	平行时 /m	交越时 /m
市话管道边线（不包括人孔）	0.75	0.25
非同沟的直埋通信光、电缆	0.5	0.25
埋式电力电缆（35 kV 以下）	0.5	0.5
埋式电力电缆（35 kV 及以上）	2.0	0.5
给水管（管径小于 30 cm）	0.5	0.5
给水管（管径 30 ～ 50 cm）	1.0	0.5
给水管（管径大于 50 cm）	1.5	0.5
高压油管、天然气管	10.0	0.5
热力、下水管	1.0 ～ 10	0.5
煤气管（压力小于 300 kPa）	1.0	0.5
煤气管（压力 300 ～ 800 kPa）	2.0	0.5
排水沟	0.8	0.5
房屋建筑红线或基础	1.0	—
树木（市内和村镇大树、果树、行道树）	0.75	—
树木（市外大树）	2.0	—
水井、坟墓	3.0	—
粪坑、积肥池、沼气池、氨水池等	3.0	—

注：采用钢管保护时，与水管、煤气管、石油管交越时的净距可降低为 0.15 m；大树指直径 30 cm 及以上的树木；对于孤立大树，还应考虑防雷要求；穿越埋深与光缆相近的各种地下管线时，光缆宜在管线下方通过

⑤在道路狭窄、操作空间小的时候，宜采用人工抬放的方式敷设光缆。敷设时不允许光缆在地上拖拉，也不得出现急弯、扭转、浪涌或牵引过紧等现象。

⑥光缆敷设完毕后，应及时检查光缆的外护套，如有破损等缺陷应立即修复，并测试其对地绝缘电阻。具体要求参照我国通信行业标准《光缆线路对地绝缘指标及测试方法》（YD 5012—2003）中的规定。

⑦直埋光缆的接头处、拐弯点或预留长度处以及其他地下管线交越处应设置标志，以便今后维护检修。标志可以用专制标石，也可利用光缆路由附近的永久性建筑的特定部位，测量出其距直埋光缆的距离，在有关图纸上记录，以作为今后的查考资料。

4. 熔接光缆

随着网络的飞速发展，传统的 10 Mb/s、100 Mb/s 网速已经越来越满足不了人们日常学习工作的需要了。用户迫切希望提高网络速度，1000 Mb/s 是目标，但对于双绞线来说虽然可以使用六类线满足 1 Gb/s 的传输需要，但六类线制作起来非常麻烦，而且对两端连接设备要求也很高，各项衰减参数也不能降低要求。因此目前最有效的突破 1 Gb/s 传输速度的介质仍然是光缆。这里将介绍如何使用工具将断纤尾纤进行熔接，满足实际需求。

光缆熔接是目前普遍采用的光缆接续方法，光缆熔接机通过高压放电将接续光缆端面熔融后，将两根光缆连接到一起成为一段完整的光缆。采用这种方法后接续损耗小（一般小于 0.1 dB），而且可靠性高。又因熔接方法连接光缆不会产生缝隙，因而不会引入反射损耗，入射损耗也很小，在 0.01 ～ 0.15 dB。在光缆进行熔接前要把涂敷层剥离。机械接头本身是保护连接的光缆的护套，但熔接在连接处却没有任何保护。因此，光缆熔接机采用重新涂敷器来涂敷熔接区域与使用熔接保护套管两种方式来保护光缆。现在普遍采用熔接保护套管的方式，它将保护套管固定在接合处，然后对它们进行加热，套管内管是由热缩材料制成的，因此这些套管就可以牢牢地固定在需要保护的地方，并且加固件可避免光缆在这一区域弯曲。

下面逐步完成将分离的光缆熔接到一起的操作。

（1）准备工作

光缆熔接工作不仅需要专业的熔接工具，还需要很多普通的工具辅助完成这项任务，如剪刀，竖刀等，如图 6-1 所示。

（2）安装工作

①开启光缆熔接机（图 6-2），确定要熔接的光缆是多模光缆还是单模光缆。

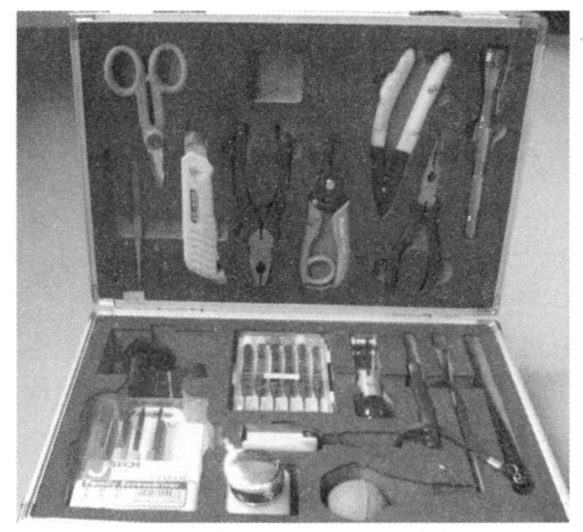

图 6-1 辅助工具

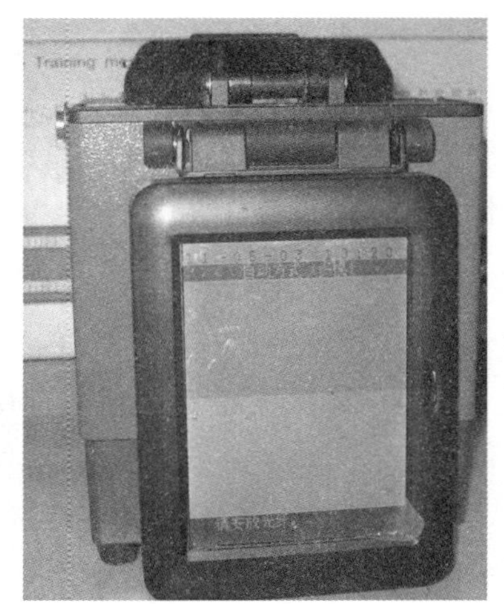

图 6-2 光缆熔接机

②测量光缆熔接距离，用开缆工具去除光缆外部护套（图 6-3）及中心束管。

③剪去凯夫拉线（图 6-4），除去光缆上的油膏。

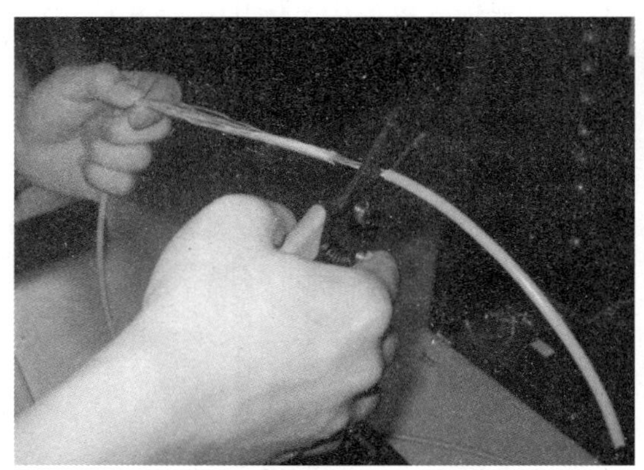

图 6-3 去除光缆外套

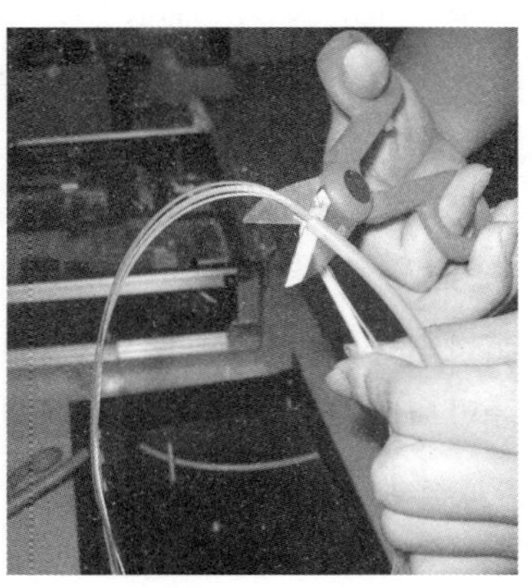

图 6-4 剪去凯夫拉线

④用光缆剥离钳剥去光缆涂覆层，其长度由熔接机决定，大多数熔接机规定剥离的长度为 2 ～ 5 cm，如图 6-5 和图 6-6 所示。

图 6-5　剥去光缆涂覆层

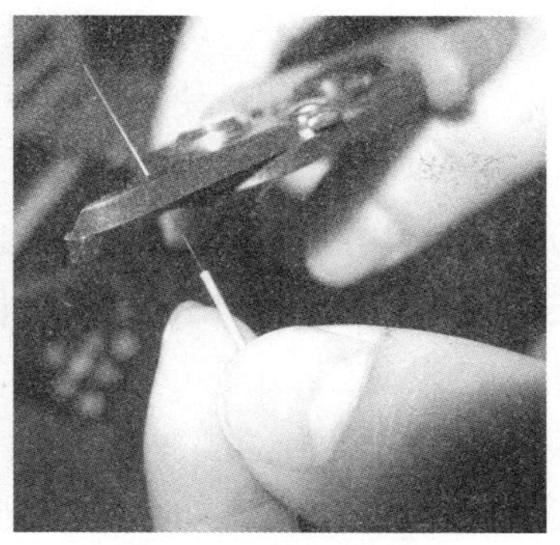

图 6-6　剥离长度为 2 ～ 5 cm

⑤光缆一端套上热缩套管，如图 6-7 所示。

⑥用纸巾蘸取酒精擦拭光缆（图 6-8），用切割刀将光缆切到规范距离（图 6-9），制作光缆端面，将光缆断头放在指定的容器内。

⑦打开电极上的护罩，将光缆放入 V 形槽，如图 6-10 所示。

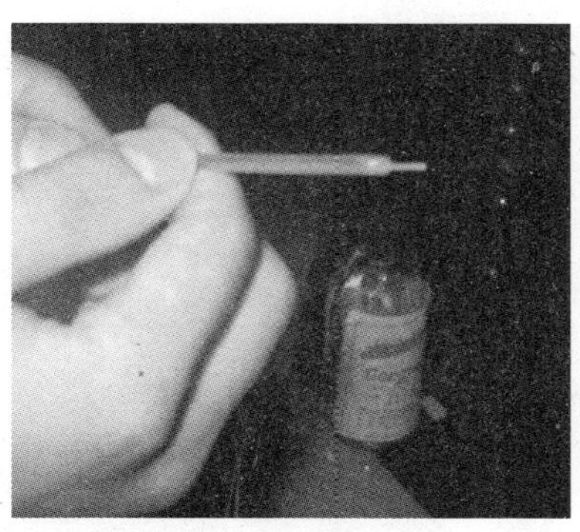

图 6-7　套上热缩套管

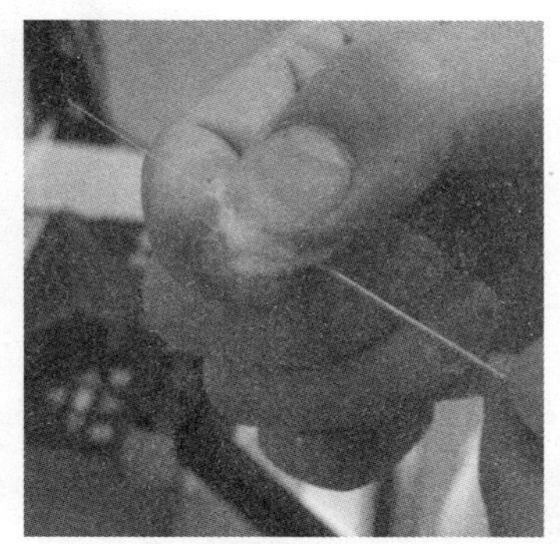

图 6-8　擦拭光缆

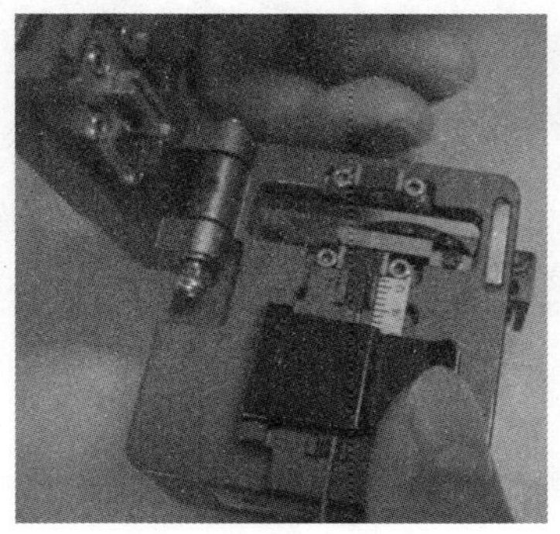

图 6-9　切割光缆

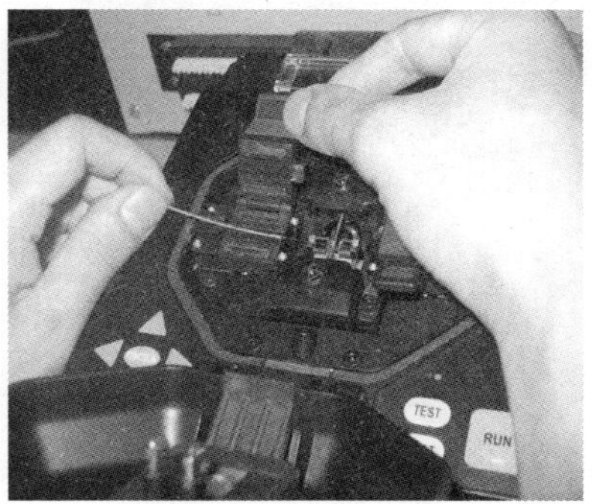

图 6-10　光缆放入 V 形槽

⑧如果有成品尾纤，可以取一根与光缆同种型号的光缆跳线，如图 6-11 所示，从中间剪断作为尾纤使用。注意光缆连接器的类型一定要与光缆终端盒的光缆适配器相匹配。

⑨使用剪刀剪除光缆跳线的石棉保护层，剥好的跳线内绝缘层与外保护层之间长度至少为 20 cm，用酒精纸巾将光缆擦拭干净。

⑩用光缆切割刀切割光缆跳线，保留 2 ～ 3 cm，将切割好的光缆跳线放到光缆熔接机的另一侧，并使两光缆对齐，在 V 形槽内滑动光缆，在光缆端头到达两电极之间时停下来，如图 6-12 所示。

⑪两根光缆放入 V 形槽后，合上 V 形槽和电极护套，自动或手动对准光缆，如图 6-13 所示。

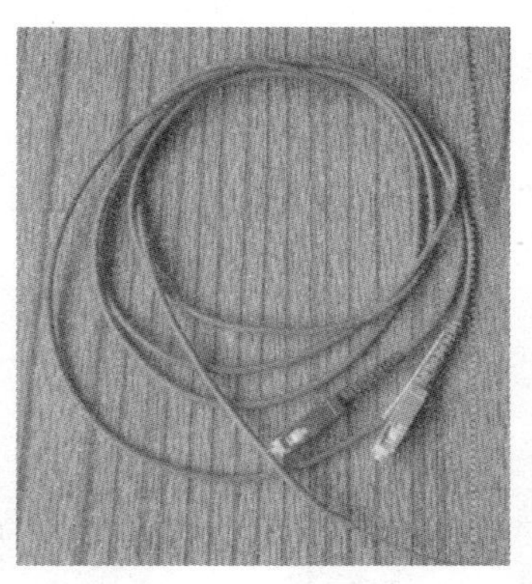

图 6-11　光缆跳线

图 6-12　放置切割好的光缆

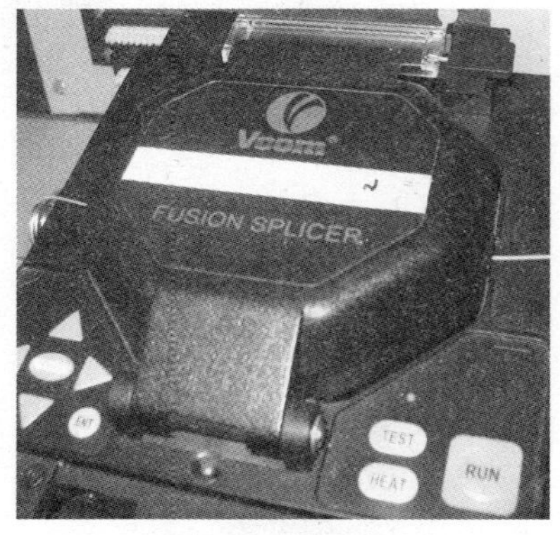

图 6-13　对准光缆

⑫按熔接机上的“RUN”键，开始光缆的预熔，如图 6-14 和图 6-15 所示。

⑬通过高压电弧放电把两光缆的端头熔接在一起，光缆熔接成功，如图 6-16 所示。

图 6-14　电机驱动中

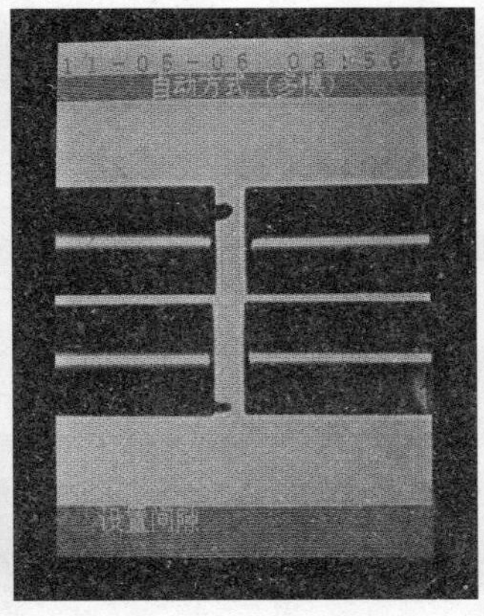

图 6-15　预熔光缆

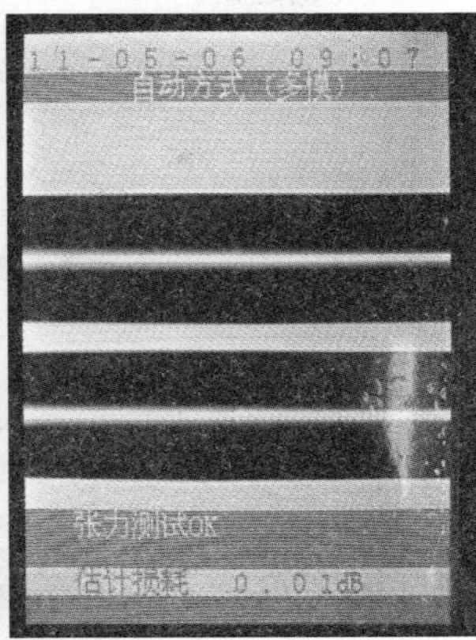

图 6-16　熔接成功

⑭光缆熔接成功、符合要求后，将热缩套管置于加热器中加热收缩，使之保护接头，如图 6-17 和图 6-18 所示。

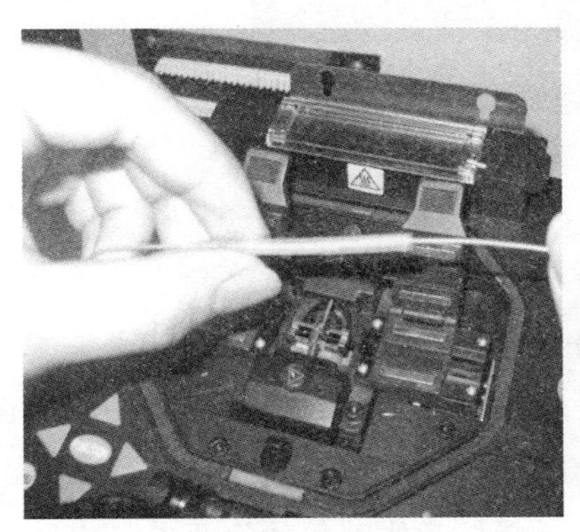

图 6-17　接头位置套上热缩管套

图 6-18　加热套管

⑮将已经熔接好的光缆热缩套管放入光缆终端盒或接续盒的固定槽中，如图 6-19 所示。

⑯在光缆终端盒或接续盒中将光缆盘好，操作时务必小心，以避免光缆折断，如图 6-20 所示。

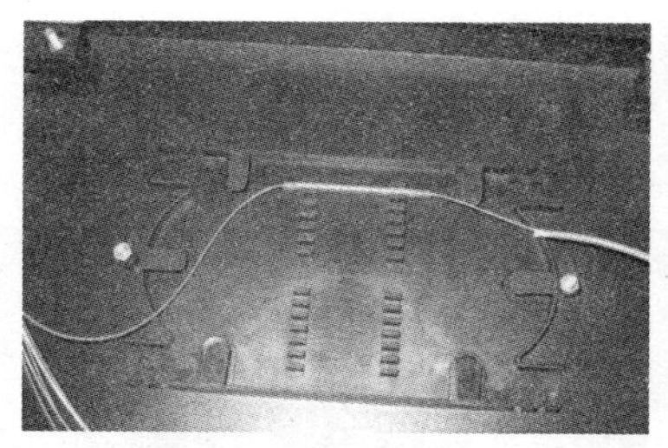

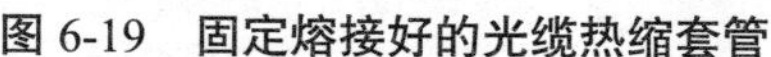
图 6-19　固定熔接好的光缆热缩套管

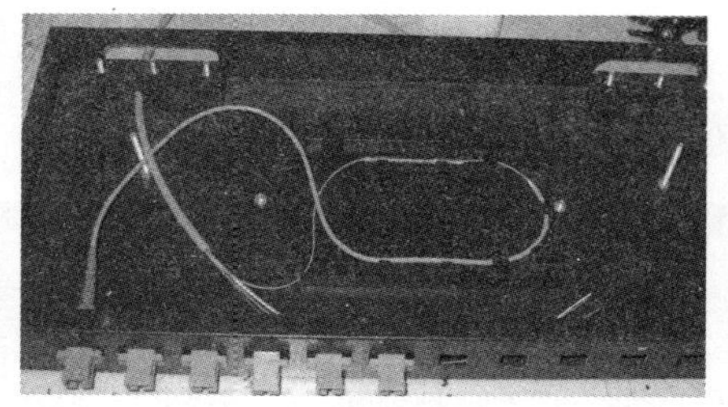
图 6-20　将光缆盘好

⑰最后将光缆终端盒上架，如图 6-21 所示。

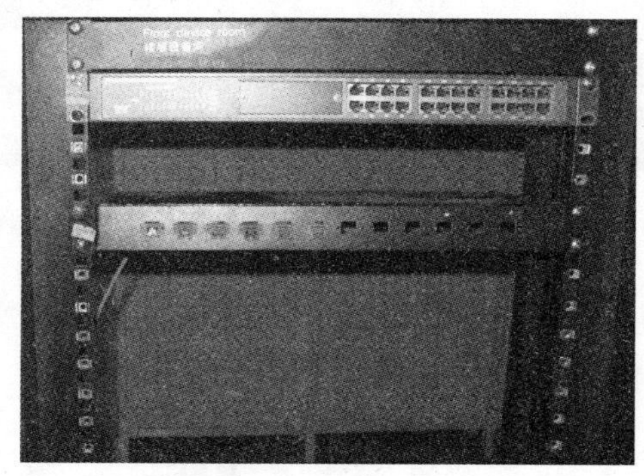
图 6-21　光缆终端盒上架

【小贴士】

开缆就是剥离光缆的外护套、缓冲管。光缆在熔接前必须去除涂覆层，为提高光缆成缆时的抗拉强度，光缆有两层涂覆层。由于不能损坏光缆，所以剥离涂覆层是一个非常精密的程序，去除涂覆层应使用专用剥离钳，不得使用刀片等简易工具，以防损伤纤芯。

去除光缆涂覆层时要特别小心，不得损坏其他部位的涂覆层，以防在熔接盒内盘绕光缆时折断纤芯。

光缆的末端需要进行切割，要用专业的工具切割光缆以使末端表面平整、清洁，并使之与光缆的中心垂直。

正确切割对于接续质量十分重要，它可以减少连接损耗。任何未正确接续的光缆表面都会引起由于末端的分离而产生的额外损耗。在光缆熔接操作过程中应严格执行操作规程的要求，以确保光缆熔接的质量。

光缆熔接是一个熟能生巧的工作，并不是熔接一次两次就能掌握的，只有拥有相应的设备且经过专业的培训后才能更快速、更准确地熔接高质量的光缆。

任务四　建筑群主干光缆布线施工实例

【任务目标】

了解建筑群主干光缆布线施工的实际过程。

【任务说明】

参看一个建筑群主干光缆布线实际施工实例，要求加深对建筑群主干光缆布线设计、布线方案、光缆的敷设和端接的理解和应用。

【实现步骤】

1. 了解建筑群子系统综合布线案例概貌

建筑群子系统的功能是将一个建筑物中的电缆延伸到建筑群的另外一些建筑物中的通信设备和装置上。建筑群子系统是综合布线系统的一部分，它支持提供楼群之间通信所需的硬件，其中包括导线电缆、光缆以及防止电缆上的脉冲电压进入建筑物的电气保护装置。图 6-22 为本施工案例的光纤接入示意图。

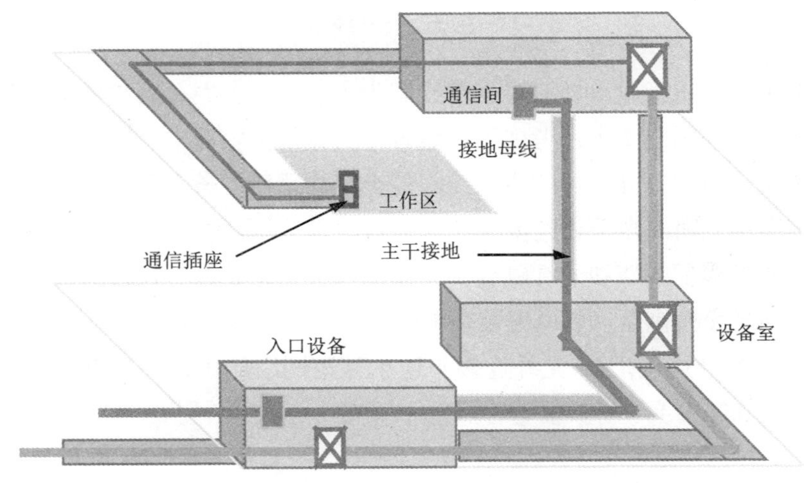

图 6-22　光纤接入示意图

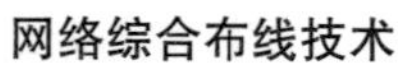

2. 确定施工方案

根据项目需求和实地考察，绘制主干光缆布线示意图，如图 6-23 所示。

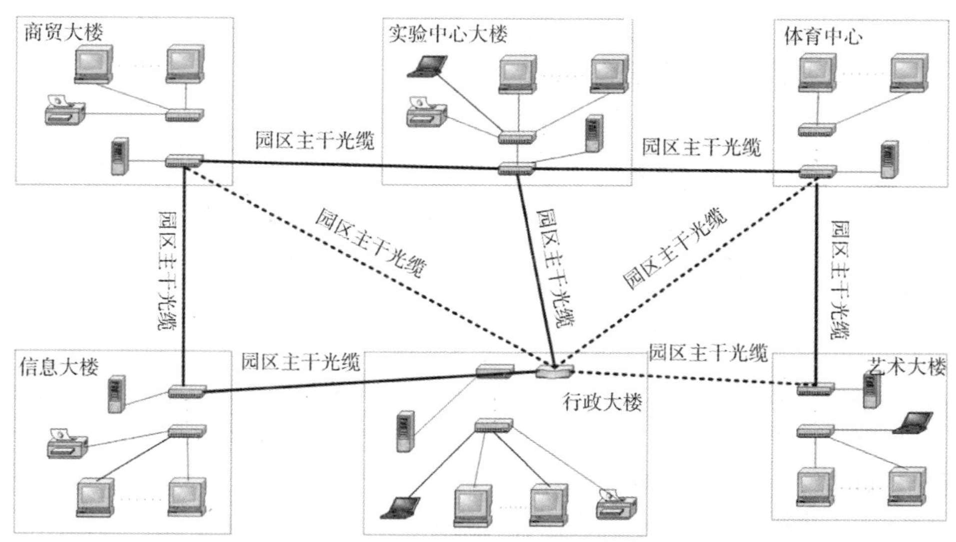

图 6-23　主干光缆布线示意图

方案中确定以行政大楼三层主配线间为中心，向各办公大楼敷设室外单模光纤线缆。根据用户要求，考虑到以后各楼间通信扩容需求，由行政大楼三层的主配线间辐射到各办公楼的主配线间的光纤均采用 4 条六芯室外单模光纤连接，各栋大楼之间以光纤相连接，互为备用。

①选用光缆配线架和光纤跳线：光缆配线架（图 6-24）可以通过相应的光纤跳线接到光交换机上，可以安装在 19 英寸（48.26 cm）的机架上。全部采用卡套（ST）光纤连接，ST 光纤连接头适于高速网络应用，并具有低损耗（平均损耗只有 0.2 dB）、易拔插等特点。

图 6-24　光缆配线架

②单模光纤跳线采用单模 ST/SC 两芯光纤跳线，如图 6-25 所示。由于成品光纤跳线稳定性很高，这样既可保证系统性能，又可为用户节省大量投资。

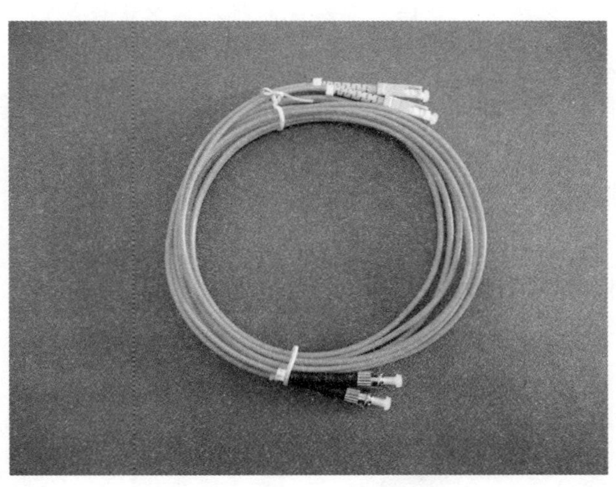

图 6-25　光纤跳线

3. 光缆的户外施工

较长距离的光缆敷设最重要的是要选择一条合适的路径。最短的路径不一定就是最好的，还要注意土地的使用权，架设的或地埋的可能性等。根据设计和施工图纸，本工程各栋大楼之间采用架设的方式进行光缆的布线施工，如图 6-26 所示。施工中要时时注意不要使光缆受到重压或被坚硬的物体扎伤。光缆转弯时，其转弯半径要大于光缆自身直径的 20 倍。

图 6-26 光缆的户外施工

4. 建筑物内光缆的敷设

主干光纤接入各栋大楼之后，光纤还必须接入各大楼的设备间，如图 6-27 所示，其敷设必须符合以下要求。

①垂直敷设时，应特别注意光缆的承重问题，一般每两层需要将光缆固定一次。

②光缆穿墙或穿楼层时，要加带护口的保护用塑料管，并且要用阻燃的填充物将管子填满。

③在建筑物内也可以预先敷一定量的塑料管道，待以后要敷设光缆时再用牵引或真空法布放光缆。

图 6-27 建筑物内光缆的敷设

5. 光缆在楼内的敷设

光缆在楼内的敷设必须符合以下要求，如图 6-28 所示。

①高层建筑。如果本楼有弱电井（竖井），且楼宇网络中心位于弱电井（竖井）内，则光缆应沿着在弱电井（竖井）敷设好的垂直金属线槽敷设到楼宇网络中心；否则（包括本楼没有弱电井或竖井的情况），应将光缆沿着在楼道内敷设好的垂直金属线槽敷设到楼宇网络中心。

②光缆固定。在楼内敷设光缆时可以不用钢丝绳，如果沿垂直金属线槽敷设，则只需在光缆路径上每两层楼或每隔 10.5 m 用缆夹吊住即可。如果光缆沿墙面敷设，只需每隔 1 m 系一个缆扣或装一个固定的夹板。

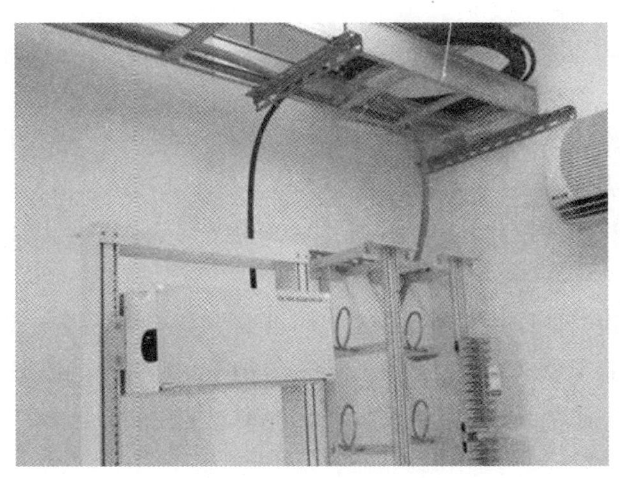

图 6-28　光缆在楼内的敷设

③光缆的余量。由于光缆对质量有很高的要求，而每条光缆两端最易受到损伤，所以在光缆到达目的地后，两端需要有 10 m 的余量，从而保证光纤熔接时将受损光缆剪掉后不会影响所需要的长度。

④光缆的敷设规范应满足以下要求。

第一，长度及整体性：每条光缆长度要控制在 800 m 以内，而且中间没有中继。

第二，光缆最小安装弯曲半径：在静态负荷下，光缆的最小弯曲半径是光缆直径的 10 倍；在布线操作期间的负荷条件下，如把光缆从管道中拉出来，最小弯曲半径为光缆直径的 20 倍；对于 4 芯光缆其最小安装弯曲半径必须大于 5.08 cm。

第三，安装张力：施加于 4 芯 /6 芯光缆最大的安装张力不得超过 45 kg

（450 N），在同时安装多条 4 芯 /6 芯光缆时，每根光缆承受的最大安装张力应降低 20%，如对于 4×4 芯光缆，其最大安装张力为 144 kg（1440 N）。

第四，光纤跳线的安装拉力：光纤跳线采用单条光纤设计，双跨光纤跳线包含 2 条单光纤，它们被封装在一根共同的防火复合护套中；这些光纤跳线用于把距离不超过 30 m 的设备互连起来；光纤跳线可分为单芯纤软线和双芯纤软线，其中单芯纤软线最大拉力为 12.15 kg（121.5 N），双芯纤软线最大拉力为 22.5 kg（225 N）。

⑤光缆搬运及敷设要点如下。

第一，光缆在搬运及储存时应保持缆盘竖立，严禁将缆盘平放或叠放，以免造成光缆排线混乱或受损。

第二，短距离滚动光缆盘，应严格按缆盘上标明的箭头方向滚动，并注意地面平滑，以免损坏保护板而伤及光缆。光缆禁止长距离滚动。

第三，光缆在装卸时宜用叉车或起重设备进行，严禁直接从车上滚下或抛下，以免损坏光缆。

第四，敷设时应严格控制光缆所受拉力和侧压力，必要时应重询光缆相关机械强度指标。

第五，敷设时应严格控制光缆的弯曲半径，施工中弯曲半径不得小于光缆允许的动态弯曲半径。定位时弯曲半径不得小于光缆允许的静态弯曲半径。

第六，光缆穿管或分段施放时应严格控制光缆扭曲，必要时宜采用倒“8”字方法，使光缆始终处于无扭绞状态，以去除扭绞应力，确保光缆的使用寿命。

第七，光缆接续前应剪去一段长度，确保接续部分没有受到机械损伤。

第八，光缆接续过程应采用光时域反射仪（OTDR）检测，对接续损耗的测量，应采用 OTDR 双向测量取算术平均值的方法计算。

6. 建筑群主干光缆熔接

光缆熔接方法在本项目任务三已经详细介绍，这里不再重复讲述，只作简单叙述。

（1）把光纤从光缆中拔出并做如下处理

①把长约 1 m 的带状光纤除去其松套管。

②用中性溶剂除去缆膏。

③将带状光纤放在光带夹具内，保持其清洁，夹力良好。光带夹具要选择适当，其宽度和厚度应根据带状光纤的芯数及带状光纤的处理方式而定。一般包覆型带状光纤的厚度约 400 μm，粘边型带状光纤的厚度约 300 μm，带状光

纤在光带夹具中的深出长度一般为 30 mm，保证在切割后，有 10 mm 裸光纤。

（2）光纤的基材和光纤涂层是用热剥离法去除的

将光纤按如下剥离程序剥离：把在光带夹具里的带状光纤放进热剥离器（又叫加热剥离钳）内 5 ～ 8 s，其时间长短根据带状光纤的基材与光纤涂层确定。光纤被剥离后，在光纤表面可发现少量的剩余涂层材料，应用无棉絮纸巾和大于 99% 纯度的酒精进行清洗。

（3）切割光纤

光纤的切割质量是保证低熔接损耗的重要因素。要保持切割刀的良好性能，切割刀的 V 形槽和光纤表面必须保持清洁，切割后的光纤端面角度＜ 1° ，切割长度为 10 mm。

（4）光纤熔接过程

①光纤放在 V 形槽内，预熔电弧烧掉光纤表面杂质，检查光纤端头。

②熔接。

③接续前检查和测试熔接机的电弧强度，寻找最佳接续条件，显示熔接损耗估算值（估算值是根据光纤间端面距离、光纤端面角度和光纤包层外径的对位来计算的）。

（5）熔接后对光纤进行机械保护

①将套在熔接点上的套管放入熔接机所附的加热器槽内时，套管中的支撑棒应安放在下面。

②将经过熔接点加强保护后的光纤安装在接头盒内。

③将光纤与 ST 头进行熔接，然后与耦合器共同固定于光纤端接箱上，光纤跳线一头插入耦合器，另一头插入交换机上的光纤端口，如图 6-29 和图 6-30 所示。

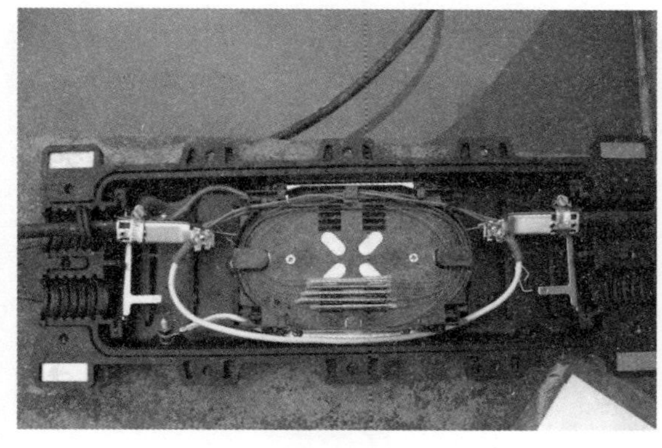

图 6-29　光纤熔接到光纤配线架中

图 6-30　光纤配线架安装到机架中

小　结

本项目主要内容包括建筑群主干光缆布线设计、了解建筑群主干光缆布线方案、光缆的敷设和端接方法。

实　训

一、光缆施工

1. 查看已敷设好的某建筑群主干光缆，对架空、管道和直埋光缆有直观印象。

2. 如果条件允许，动手敷设室外光缆。

二、熔接光缆

1. 学会使用光缆熔接工具。

2. 熔接光缆。

三、思考与练习

1. 建筑群主干光缆布线设计的要求有哪些?

2. 建筑群主干光缆布线主要特点和建设原则是什么?

3. 建筑群主干光缆布线设计步骤是什么?

4. 建筑群主干光缆布线方案有哪些?

5. 简述光缆的组成和分类。

6. 架空光缆施工的步骤和特点是什么?

7. 管道光缆施工的步骤和特点是什么?

8. 直埋光缆施工的步骤和特点是什么?

9. 光缆接续的方法有哪几种?

读书笔记

项目七　设备间的布线施工

【项目背景】

张工完成了建筑群主干光缆的布线施工，根据施工方案，下一步将对设备间进行布线施工。学校网络中心在行政大楼的第三层，所以主设备间设置在学校网络中心，当然每栋大楼都应该有设备间，应当根据实际情况在合理位置设置设备间。设备间是集中安装网络设备、通信设备和主配线架，并进行网络管理和布线维护的场所，通常位于建筑物的中间位置。

【能力目标】

①了解设备间的设计方法。

②熟悉设备间的布线方案。

③掌握设备间光缆故障处理方法。

【项目说明】

本项目主要介绍设备间的设计原则、设备间的布线方案、设备间的防护和设备间光缆发生故障时的处理方法。设备间通常放置核心的网络设备，有时还有服务器和网络安全设备等，它们对设备间环境的要求较高。良好的环境能保证所有设备的长效运转。

任务一　设备间的设计

【任务目标】

了解设备间的设计方法。

【任务说明】

设备间通常是放置网络设备和其他重要设备的场所。这些设备是网络的核心，它们运转的好坏直接影响网络的整体性能。因此，在设计设备间时要充分考虑如何保障这些设备良好长久地运行。

【相关知识】

1. 选择设备间的位置

设备间是网络布线中的重要部分，它是建筑物间主干线缆布线和楼内布线的交汇点。因此设备间位置的选择极为重要，通常要考虑以下几个因素。

①设备间应设在干线综合体的中间位置。

②设备间应靠近建筑物电缆引入区和网络接口。

③设备间应位于服务电梯附近，便于装运大型设备。

④设备间尽量远离高强振动源、强噪声源、强电磁场干扰源和易燃易爆源。

⑤设备间的位置应选择在环境安全、干燥通风、清洁且便于管理维护的地方。

⑥设备间的位置应便于安装接地装置和消防装置。

2. 设备间对环境的要求

设备间是存放公用设备和管理设备的场所。对于一些价格昂贵的设备来说，环境的好坏直接影响其使用寿命。因此，设备间的环境问题要慎重对待。影响设备间环境的因素主要有以下几个。

（1）温度和湿度

网络设备是由电子元件构成的，为了能使其稳定可靠地工作，对设备间的温度和湿度有一定要求。一般将温度和湿度分为 A、B、C 三级，设备间可按某一级，也可按某几级综合执行，如表 7-1 所示。

表 7-1　温度和湿度

项目	A 级指标	B 级指标	C 级指标
温度 /℃	22±4（夏季） 18±4（冬季）	12 ～ 30	8 ～ 35
相对湿度 /%	40 ～ 65	35 ～ 70	30 ～ 80
温度变化率 /$℃ \cdot h^{-1}$	小于 5 h 设备间不凝露	大于 5 h 设备间不凝露	小于 15 h 设备间不凝露

设备间的温度、湿度和尘埃对微电子设备的正常运行及使用寿命都有很大影响，过高的室温会使元件失效率急剧增加，使用寿命下降；过低的室温又会使磁介质等发脆，容易断裂。温度的波动会产生“电噪声”，使微电子设备不

能正常运行。相对湿度过低，容易产生静电，对微电子设备造成干扰；相对湿度过高，会使微电子设备内部焊点和插座的接触电阻增大，尘埃或纤维性颗粒积聚，微生物的作用还会使导线被腐蚀断掉。所以在设计设备间时，除了按《计算站场地通用规范》（GB/T 2887—2011）执行外，还应根据各种情况选择合适的空调系统。

热量主要由如下几个方面产生。

①设备发热量。

②设备间外围结构发热量。

③室内工作人员发热量。

④照明灯具发热量。

⑤室外补充新鲜空气带入的热量。

计算出上述总发热量再乘以系数 1.1，就可以计算出空调负荷，据此选择空调设备。

（2）尘埃

设备间内的尘埃依机器要求而定，主设备间内的粒径大于或等于 0.5 μm 的尘埃数应小于或等于 18000 粒 /cm^3。

（3）照明

设备间的普通照明在距地面 0.8 m 处，照度不应低于 200 lx。还应另设事故照明，在距地面 1.8 m 处，照度不应低于 5 lx。

（4）噪声

设备间的噪声应小于 70 dB。如果长时间在 70 ～ 80 dB 噪声环境下工作，不但影响人的身心健康和工作效率，还会造成人为的噪声事故。

（5）电磁场干扰

设备间内的无线电也会干扰场强，在频率为 0.15 ～ 1000 MHz 的范围内不大于 120 dB，设备间内磁场干扰场强不应大于 800 A/m。

（6）供电

设备间供电电源应满足下列要求。

①频率：50 Hz。

②电压：380 V/220 V。

③相数：三相五线制或三相四线制 / 单相三线制。

依据设备的性能允许以上参数的变动范围如表 7-2 所示。

表 7-2　供电指标

项目	A 级指标	B 级指标	C 级级指标
电压变动 /%	−5 ～ +5	−10 ～ +10	−15 ～ +10
频率变化 /Hz	−0.2 ～ +0.2	−0.5 ～ +0.5	−1 ～ +1
波形失真率 /%	≤ 5	≤ 5	≤ 10
允许断电持续时间 /ms	0 ～ 4	4 ～ 200	200 ～ 1500

设备用的配电柜应设置在设备间内，并应采取防触电措施；各种电力电缆应为耐燃铜芯屏蔽的电缆；各电力电缆（如空调设备、电源设备所用的电缆等）、供电电缆不得与双绞线走向平行；走向交叉时，应尽量以接近于垂直的角度交叉，并采取防火延燃措施；各设备应选用铜芯电缆，严禁铜、铝混用。

（7）建筑物防火与内部装修

A 类建筑物的耐火等级必须符合国家标准《建筑设计防火规范》（GB 50016—2014）中规定的一级耐火等级。B 类建筑物的耐火等级必须符合 GB 50016—2014 中规定的二级耐火等级。

与 A、B 类安全设备间相关的其余工作房间及辅助房间，其建筑物的耐火等级不应低于 GB 50016—2014 中规定的二级耐火等级。

C 类建筑的耐火等级应符合 GB 50016—2014 中规定的二级耐火等级。与 C 类设备间相关的其余基本工作房间及辅助房间，其建筑物的耐火等级不应低于 GB 50016—2014 中规定的三级耐火等级。

内部装修：根据 A、B、C 三类等级要求，设备间进行装修时，装饰材料应符合 GB 50016—2014 中规定的难燃材料或非燃材料，应能防潮、吸噪、不起尘、抗静电等。

（8）地面

为了方便表面敷设电缆和电源线，设备间地面最好采用抗静电活动地板，其系统电阻应为 1 ～ 10Ω，其具体要求应符合《防静电活动地板通用规范》（GB/T 36340—2018）标准。带有走线口的活动地板称为异形地板，其走线应做到光滑，防止损伤电线、电缆。设备间地面所需异形地板的块数可根据设备间所需引线的数量来确定。

设备间地面切忌铺地毯：一是容易产生静电，二是容易积灰。

放置活动地板的设备间的建筑地面应平整、光洁、防潮、防尘。

（9）墙面

墙面应选择不易产生尘埃，也不易吸附尘埃的材料。目前大多数是在平滑的墙壁涂阻燃漆，或在平滑的墙壁覆盖耐火的胶合板。

（10）顶棚

为了吸噪及布置照明灯具，设备顶棚一般在建筑物梁下加一层吊顶。吊顶材料应满足防火要求。目前，我国大多数采用铝合金或轻钢作龙骨，安装吸声铝合金板、难燃铝塑板、喷塑石英板等。

（11）隔断

根据设备间放置的设备及工作需要，可用隔断将设备间隔成若干个房间。隔断可以选用防火的铝合金或轻钢作龙骨，安装 10 mm 厚的玻璃；或从地板面至 1.2 m 处安装难燃双塑板，1.2 m 以上安装 10 mm 厚的玻璃。

（12）消防

A、B 类设备间应设置火灾报警装置。在机房、基本工作房间、活动地板下、吊顶地板下、吊顶上方、主要空调管道及易燃物附近应设置烟感和温度探测器。

A 类设备间内设置卤代烷 1211、1301 自动灭火系统，并备有手提式卤代烷 1211、1301 灭火器。

B 类设备间在条件许可的情况下，应设置卤代烷 1211、1301 自动灭火系统，并备有手提式卤代烷 1211、1301 灭火器。

C 类设备间应设置手提式卤代烷 1211 或 1301 灭火器。

A、B、C 类设备间除禁止放置纸介质等易燃物质外，还禁止使用水、干粉或泡沫等易产生二次破坏的灭火剂。

任务二　设备间的布线方案

【任务目标】

熟悉设备间的布线方案。

【任务说明】

学习设备间线缆的敷设方式，主要有活动地板、预埋管路、机架走线架、地板或墙壁内沟槽等。

【相关知识】

1. 活动地板方式

活动地板方式是指线缆在活动地板下的空间敷设，由于地板下空间大，电缆容量和条数多，路由自由短捷，节省电缆费用，线缆敷设和拆除均简单方便，能适应线路增减，有较高的灵活性，便于维护管理。但该方式造价较高，会减少房屋的净高，对地板表面材料也有一定要求，如耐冲击性、耐火性、抗静电、稳固性等。活动地板敷设方式目前有两种：正常活动地板，高度为 300 ～ 500 mm；简易活动地板，高度为 60 ～ 200 mm，一般在建筑建成后装设。活动地板方式是设备间布线最常用的方式。

2. 预埋管路方式

预埋管路方式是在建筑物的墙壁或楼板内预埋管路，其管径和根数依据线缆需要来设计。该方式穿放线缆比较容易，维护、检修和扩建均方便，造价低廉，技术要求不高，是一种最常用的方式。但预埋管路必须在建筑施工中决定，线缆路由受管路限制，不能变动，所以在使用中会受到一些限制。

网络的组建离不开设备间，设备间不仅提供网络的汇聚，通过核心层的交换路由设备将千百个离散的信息点汇聚到一起，而且设备间内通常放置如 WWW 服务器、Mail 服务器、VOD 服务器、数据库服务器等网络设备。

因此，当设备间的布线方案确定后，还要考虑交换机和服务器等网络设备的布局，它们直接影响网络线缆的路由走向。如果网络设备只有一两台，则可以找一个通风散热良好的地方，将信息点布置在其附近。但如果有十几台甚至几十台设备，就需要考虑如何放置这些网络设备，并且要保证这些设备能安全稳定的工作。网络设备多了，还要考虑信息点位置的规划和数量的多少。

3. 机架走线架方式

机架走线架方式是在设备机架上沿墙安装走线架或槽道的敷设方式，走线架或槽道的尺寸依据线缆多少来设计。它不受建筑的设计和施工限制，可以在建成后安装，便于施工和维护。在机架上安装走线架或槽道时，应结合设备的结构和布置来考虑，在净高较低的建筑中不宜使用。

4. 地板或墙壁内沟槽方式

地板或墙壁内沟槽方式是指线缆在建筑物中预先建成的墙壁或地板内沟槽中的敷设。沟槽的横截面尺寸大小根据线缆容量来设计，上面设置盖板保护。该方式造价低，便于施工和扩建。但由于沟槽方式是预先制成的，因此在使用中会受到限制，线缆路由不能自由选择和变动。

设备间线缆的各种敷设方式的优缺点比较如表 7-3 所示。

表 7-3　设备间线缆的敷设方式比较

方式	优点	缺点
活动地板	不改变建筑结构； 地板下空间大,电缆容量和条数多； 路由自由短捷，节省电缆费用； 线缆敷设和拆除均简单方便，便于维护管理； 有较高的灵活性，能适应线路增减变化	会减少房屋的净高； 造价较高，在经济上受到限制； 对地板表面材料有一定要求，如耐冲击性、耐火性、抗静电； 要求有精确的敷设工艺，防止走动时移位
预埋管路	不会影响房屋建筑结构； 穿放线缆比较容易，维护、检修和扩建均方便； 造价低廉，技术要求不高	线缆改建或增设有所限制； 线缆路由受管路限制，不能变动； 管路容纳线缆的条数少，设备密度较高的场所不宜采用
机架走线架	不受建筑的设计和施工限制，可以在建成后安装； 便于施工和维护，也有利于扩建，能适应今后变动的需要	线缆敷设不隐蔽、不美观（除暗敷外）； 安装走线架（或槽道）较复杂，增加了操作程序； 安装走线架（或槽道）在层高较低的建筑中不宜使用
地板或墙壁内沟槽	沟槽内部尺寸较大，能容纳线缆条数较多； 便于施工和维护，也有利于扩建，造价较活动地板低	沟槽上有盖板，在地面上的沟槽不易平整，会影响人员活动，且不美观、不隐藏；沟槽预先制成，线缆路由不能变动，难以适应变化； 沟槽设计和施工必须与建筑设计和施工同时进行，在配合协调上较为复杂

任务三　设备间防护系统的设计

【任务目标】

掌握设备间防护系统的设计方法。

【任务说明】

设备间防护系统包括电磁屏蔽保护、防雷系统和接地系统。

【相关知识】

1. 电磁屏蔽保护

互联网已经成为人们日常生活中必不可少的部分，越来越多的人利用网络进行沟通、工作甚至使用网络进行购物。对于网络中的信息，其安全性和保密性显得尤为重要。除了联网的计算机本身做好防护外，通过对设备间的电磁屏蔽保护建设，可以进一步保证数据信息的安全。

我们知道，计算机及网络设备在进行信息处理时会产生一定量的电磁泄漏，即电磁辐射。现在有一些专门探测电磁的设备，能在 1 km 以外收集到计算机和网络设备的电磁辐射信息，并且能够区分不同终端辐射出的电磁信息。例如，“黑客”们利用电磁泄漏或搭线窃听等方式可截获机密信息，或通过对信息流向、流量、通信频度和长度等参数的分析，推测信息，如用户口令、账号等重要信息。

设备间是集中放置网络设备的地方，是放置重要数据交换设备甚至服务器设备的地方，网络中的大部分数据均会汇集到这些设备中进行数据交换。因此，设备间的电磁屏蔽建设对于保护数据安全有着举足轻重的作用。

当通信线路有数据传输时，根据电磁工作原理，都会在线缆周围形成不同强度的磁场，向四面传播，因此可以利用相关的设备和仪器对其进行探测，经过进一步处理，就可以获得线缆中传输的数据信息，整个过程称为电磁泄漏。所以，设备间作为网络设备和信息汇聚的中心，应该有较好的安全措施来确保各类信息的安全。

“屏蔽”是指用金属网或金属板将信号源包围，利用金属层阻止内部信号向外发射，同时也可以阻止外部的信号进入金属层内部。把这一技术应用到设备间上来，就有了现在的屏蔽机房（设备间）。根据设备间屏蔽性能的不同，可以将屏蔽机房划分为不同的级别，其中，C 级屏蔽机房的屏蔽性能最高。

若设备间按照 C 级屏蔽标准建设，整个机房四周应用金属钢板包围，包括地面和天花板，称作屏蔽壳体。屏蔽壳体是屏蔽机房的主要组成部分。此外，屏蔽门是影响机房屏蔽效果的主要因素之一，按照开启方式的不同，可分为手动和电动两种。为了使机房内部保持空气流通，还需要在屏蔽壳体上开出窗子，但必须安装符合相应标准的波导窗。波导窗的功能是保证空气流通的同时阻止电磁信号泄露。同样，机房内部的供电由外部电源通过滤波器接入机房，数据通过光缆波导管接入机房，语音等信号也通过相应的滤波装置接入机房内部，这样就可以保证数据的正常通信，同时也保证了机房的屏蔽效果。基于成本的考虑，同时也因为光缆具有很好的传输性能，其穿过屏蔽壳体比双绞线穿过壳体所需要的花费低很多，所以可以加入相应的光电转换设备。

根据具体情况，还可以在机房内部加入数据加密设备，对传输的数据进行加密处理，这样即使数据被截获也是加密的信息。

另外，也可以根据机房的重要程度，添加入侵检测系统（IDS）、防火墙系统、门禁系统和视频监控系统等来提高安全性。

2. 防雷系统

随着网络的迅猛发展，设备间里的设备既多又昂贵。我国每年因雷击破坏建筑物内电气设备的事件时有发生，所造成的损失非常大。因此设备间的防雷设计就显得尤为重要。

雷电入侵电气设备的形式有两种：一是直击雷，二是感应雷。直击雷是指雷电直接击中线路并经过电气设备入地；感应雷是指由雷闪电流产生的强大电磁场变化与导体感应出的过电压、过电流形成的雷击。两者都会造成浪涌过电压，从而对设备间的工作人员及设备造成非常严重的危害。根据雷击造成的原因，主要采取以下两个方面防范措施对设备间的浪涌过电压进行防护。

（1）设备间外部防护

设备间的外部防护，主要是指对直击雷的防护，它是防雷技术的主要组成部分，其技术措施可分为接闪（使用避雷针、避雷带、避雷线等金属接闪器）、引下线、接地体和法拉第笼（通常情况下建筑已经做好）。

（2）设备间进出线缆的防护

设备间进出线缆主要是指电力线路，它是引雷入室的主要途径。根据雷击现场调查、国内外资料以及相关的行业规范，对设备间的进出线缆要加强防护。设备间内电话主干电缆要用电话防雷保护端子来实现语音线路的防雷保护。

按照电源防雷保护规范要求，建议对整个配电系统实施三级防雷保护，大楼配电柜作为第一级防雷保护，在总配电柜和不间断电源（UPS）设备配电柜内加第二级防雷保护。同时在设备间数据设备的供电接入点安装防雷插座实现第三级防雷保护，防止剩余浪涌通过前一级防雷保护后对设备造成破坏。这样就形成了三级防雷保护措施，可有效地将线缆上流过的对设备的雷击破坏进行冗余抵消、分流，从而实现对设备间设备的保护。

3. 接地系统

设备间的接地系统是设备间建设中的一项重要内容，它主要包括交流工作接地、安全工作接地、直流接地（计算机设备中又叫逻辑接地）、防雷保护接地等。在综合接地系统中把变压器中性点及电气设备的工作接地、保护接地等所有接地与防雷设施连在一起。这种综合接地系统是一种特殊的接地方法，为了限制雷击时电位的增加，共同接地的接地电阻限制在 1Ω 以下；为了防止供电系统遭反击，应在供电系统的中心及可能发生供电系统反击的地方加装避雷器、保护间隙等电压保护装置。同时铠装电缆的金属外皮等接近防雷设施的地方，应与接地系统连接起来并妥善接地。等电位接地不但可以使建筑物及其内部设备的避雷能力大大提高，而且由于等电位连接对建筑物接地电阻要求比较严格，也可使设备的安全性得到可靠的保证。

设备间的防雷设计与施工一定要交给具备资质的单位或公司去做，否则一旦防雷设计达不到效果，会给设备的安全带来极大的隐患。地方气象局一般有专业的防雷设计与施工工作人员。

任务四　处理设备间光缆网络故障

【任务目标】

掌握设备间光缆网络故障处理方法。

【任务说明】

在设备间或配线间，光缆网络故障时有发生。对故障点迅速准确定位并采取正确的处理方法，可以降低网络故障带来的麻烦和损失。

【实现步骤】

1. 检查光缆收发器或光模块的指示灯和网线端口指示灯是否亮

①如果光缆收发器的光口（FX）指示灯亮，需要确定光缆链路是否交叉链接，此时可将光缆收发器的光缆路线对调，看指示灯有无反应。

②如果 A 端光缆收发器的 FX 指示灯亮，B 端光缆收发器的 FX 指示灯不亮，则故障出在 A 收发器端。一种可能是 A 端光缆收发器光信号发送端口已坏，因为 B 端光缆收发器的 FX 接收不到光信号。另一种可能是 A 端光缆收发器光信号发送端口的这条光缆链路有问题（光缆或光缆跳线可能断了）。此时用好的光缆收发器和光缆跳线分别替换相应的光缆收发器和跳线，检查问题出在哪里。实际上光缆断裂的可能性不大，如果使用所有方法都不能解决问题时再考虑光缆断裂的可能性。

2. 检查双绞线指示灯是否亮

双绞线（TP）指示灯不亮，需要检查双绞线是否有错或连接有误（有些收发器的双绞线指示灯需要等光缆链路接通后才亮）。

3. 检查光缆收发器端口

有的光缆收发器有两个 RJ-45 端口：To HUB 表示连接交换机的连接线是直通线；To Node 表示连接交换机的连接线是交叉线。

4. 检查光缆收发器侧面开关

有的光缆收发器侧面有 MPR 开关，表示连接交换机的连接线是直通线方式；有的光缆收发器侧面有 DTE 开关，表示连接交换机的连接线是交叉线方式。

5. 检查光缆、光缆跳线是否已断

①光缆通断检测方法：用激光手电、太阳光、发光体对着光缆接头或耦合器的一头照光，在另一头看是否有可见光，如有可见光表明光缆没有断。

②光缆跳线通断检测方法：用激光手电、太阳光等对着光缆跳线的一头照光，在另一头看是否有可见光，如有可见光表明光缆跳线没有断。

6. 检查半 / 全双工方式是否设置有误

有的光缆收发器侧面设置了 FDX 开关，表示全双工；有的光缆收发器侧面设置了 HDX 开关，表示半双工。

7. 用光功率计仪表检测

光缆收发器或光模块在正常情况下的发光功率如下。

多模为 −10 ～ −18 dB。

单模 20 km 为 −8 ～ −15 dB。

单模 60 km 为 −5 ～ −12 dB。

如果检测光缆收发器的发光功率为 −30 ～ −45 dB，则可以判断这个光缆收发器有问题。

8. 检查网络丢包是否严重

①检查光缆跳线与耦合器连接是否松动。

②检查光缆跳线是否过度缠绕弯曲，小于光缆最小弯曲半径。

③检查跳线本身质量是否有问题或跳线受损。

④检查光缆收发器工作温度是否过高或不同光缆收发器之间兼容性差。

任务五　设备间布线施工实例

【任务目标】

了解设备间布线施工的过程。

【任务说明】

本任务主要介绍设备间布线施工实例，加深对设备间的设计方法、布线方案的理解和应用。

【实现步骤】

1. 了解设备间接入概貌

设备间子系统由设备间中的电缆、连接器和有关的支撑硬件组成，它的作用是把公共系统设备的各种不同设备相互连接起来。该子系统将中继线交叉连接处和布线交叉连接处与公共系统设备连接起来。设备间子系统还包括设备间和邻近单元如建筑物的入口区中的导线。这些导线将设备或避雷装置连接到有效建筑物接地点。设备间接入图如图 7-1 所示。

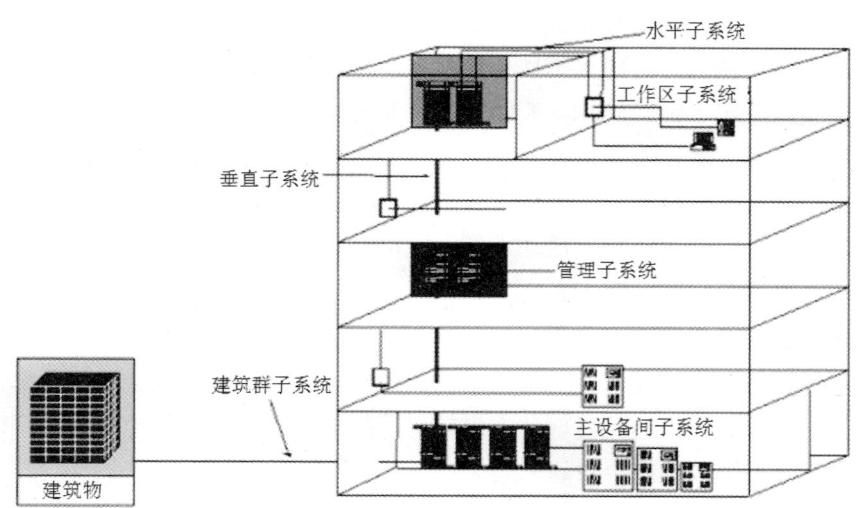

图 7-1　设备间接入图

2. 确定设备间的布线方案

（1）确定设备间的位置

根据实际情况和实地考察，将学校的网络中心设置在行政大楼的第三层，其将作为学校的主设备间。当然每一栋大楼都应有设备间，应当根据实际情况在合理位置设置设备间。整个主设备间子系统包括位于行政大楼三层的网络总配线间，总配线间向各大楼星形敷设室外单模光缆，同时也管理连到本楼各楼层的数据光缆主干。

（2）确定设备间的材料及设备

室内室外光缆全部采用光纤配线架管理，可以通过相应的光纤跳线接到光交换机上，并且可以安装在 19 英寸（48.26 cm）的机架上。数据总配线间机柜采用 19 英寸（48.26 cm）标准 42 U 型机柜安装，并配有网络设备专用电源及风扇，可将设备间网络设备一同放置其中。此种安装模式具有整齐美观、可靠性高、防尘、保密性好、安装规范的优点。

3. 确定设备间的装修方案

（1）装饰部分

装饰材料应符合计算机机房设计规范的要求，选用气密性好、不起尘、易清洁、长期使用变形小的材料，平面布置应满足计算机工艺要求，工艺流程应合理，其具体设计如下。

天花板：计算机网络中心机房天花板统一采用 600 mm × 600 mm 铝合金微孔天花板，以轻钢龙骨安装，龙骨架构由槽形镀锌主骨及 T 形龙骨两层组成。槽形主骨由可调螺杆与建筑物楼板连接，承挂整个天花板吊棚的重量，并起到精确调整天花板平面的作用。T 形龙骨由专用挂件固定于槽形主骨上，用于夹紧天花板面板，此种天花板安装工艺适合于对平面一致性要求高、需要装拆检修以及对气密性、隔音效果等有较高要求的场合。

地板：机房选用防静电活动地板，配以带可调风量格栅风口板。地板下进线，在需要增减线缆时操作方便。

墙面：主机房内墙身采用铝塑板材料，该装饰材料美观耐用、防火、便于清洁。铝塑板以轻钢龙骨－石膏板结构作为衬底安装，铝塑板金属面全部由导线连接到接地点，以达到良好的电磁辐射及静电屏蔽效果。其他机房选用轻钢龙骨－石膏板结构并外涂防静电漆。

脚线：采用 100 mm 高 PVC 或铝塑板脚线作为装饰，其底部应有微微弧度，使其不易藏尘，并且周边活动地台容易打开。

门：采用带玻璃窗的金属防火门，以配合机房整体防火指标。

（2）电气部分

①主电源：为了保证计算机的可靠运行，在机房中必须建立良好的供电系统。本工程供电系统分两部分。

第一，计算机主设备供电系统。该电源由 UPS 及自动旁路切换系统提供，建立不间断供电方式，主配电柜、UPS 及自动旁路切换柜电源设在配电室，由专用电缆引至各机房内的负载分配单元（PDU），供连接计算机主设备的专用插座使用。

第二，计算机辅助设备（如空调、照明维修等）供电系统，由主配电柜分别引至各机房内的负载分配单元（PDU），供机房空调、照明及其他插座用。另预留三路 30 A/380 V/50 Hz 开关做备用。

②配电：本工程 380 V 50 Hz/220 V 50 Hz 的低压配电系统采用三相五线制 / 单相三线制以实现强弱电设备无电流安全保护接地。电气部分是计算机机房的核心部分，直接关系到计算机设备能否安全可靠地运行，因此本设计中全部动力开关及用电插座均选用进口产品，共设主配电柜 1 个，分配电箱 1 个。

③机房配电系统：

机房照明及其他办公设备预计共 5 kWh；

计算机设备用电 5 kWh；

消防设备和其他设备用电 3 kWh。

本工程需要建设单位提供 3 相 30 kWh 供电作为本项目机房的运行电源。

④灯具：机房照明采用国产不锈钢格栅灯具，配“飞利浦”进口灯管，嵌入式安装；监控机房采用嵌入式筒灯配“飞利浦”节能灯管。这类灯具功率因数可以达到 0.95，耗电少、散热好、寿命长，且发光效率高，美观大方，主机房照度在 400 ～ 500 lx，监控室照度在 300 lx 左右。另设有自带逆变器的事故照明灯盘，保证在发生事故时有 5 lx 左右的照度作为停机及疏散时使用。

⑤接地：机房专用接地装置，必须符合计算机设备的使用要求（在计算机房楼下安装一组专用接地装置，要求其接地电阻应小于 1Ω），另外在计算机机房活动地板下面安装一个接地网，接地网采用一条 30 mm × 3 mm 的铜带安装。至于安全保护地，可利用大楼本身的保护接地。

⑥材料：机房计算机主设备供电，采用金属镀锌电线槽及专用钢塑电力电缆安装，其他电气设备均采用难燃电线安装，并安装有镀锌电线槽及镀锌金属电线管。计算机机房的其他线槽，要严格执行电气安装有关规定，不同回路、不同电压的线种安装在不同的金属线槽及专用的电线管道上。

（3）空调系统

计算机房场地要达到恒温恒湿（22℃ ±2℃ /50% RH ± 10%）及尘埃个数小于 100000/m^3 的洁净度要求。

根据本项目情况，总机房内已装有中央空调，所以总机房内就不再加装独立空调，但应经常对中央空调主机进行清理，对总机房温度进行调节，提高其可靠性。

（4）设备防雷

考虑到设备用电安全，在设备配电前端加装一个防雷器，可防止部分直击雷击和间接雷击及感应雷的破坏。在网络系统交换机处安装一台网络专用浪涌保护器。

设备间施工时，应按照设备间施工图对设备间进行施工。施工时应该结合设备间的走线进行综合考虑，如图 7-2 和图 7-3 所示。

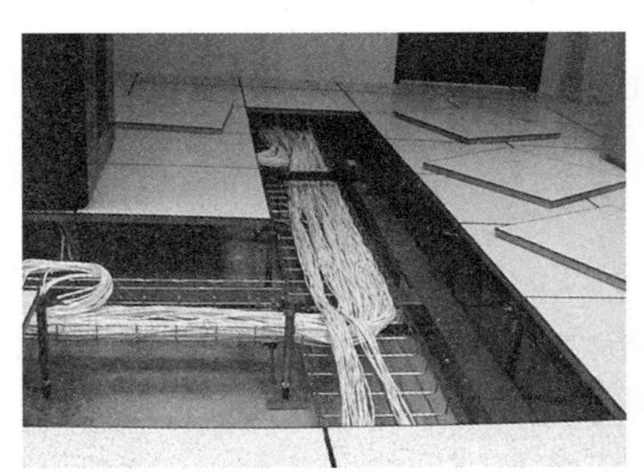

图 7-2 地板下线缆走线

图 7-3 线缆布线施工

4. 设备间的安装

在完成设备间的布线和设备间的装修后，就要开始设备间的设备上架、线缆的端接等工作，其施工过程如下。

①根据机架安装大样图，将各种配线架和网络设备安装到机柜中，如图 7-4 所示。

图 7-4 设备上架

②各种配线架和设备安装到机柜之后，将线缆端接到配线架中，并且规范地做好机柜内线缆的走线和理线，如图 7-5 所示。

图 7-5　线缆端接和理线

③线缆端接完成后，必须保持设备间的干净整洁，各种线缆扎线要整齐，设备间最终安装效果如图 7-6 所示。

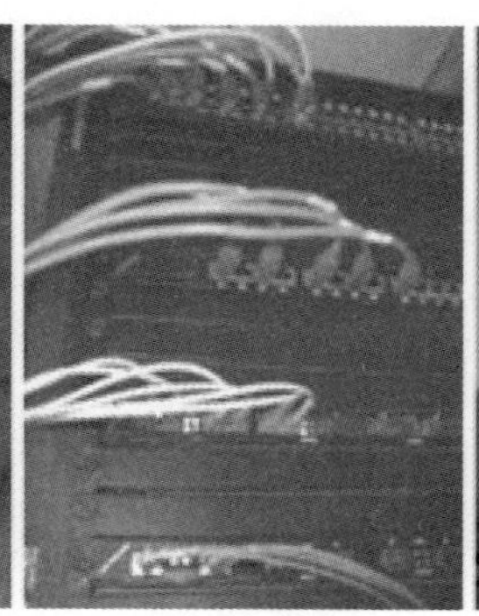

图 7-6　设备间最终安装效果图

小　结

设备间是集中安装网络设备、通信设备和主配线架，并进行网络管理和布线维护的场所。本项目主要让学生了解设备间的设计原则和要求、设备间的布线方案、设备间的防护系统设计及光缆网络故障排除方法，最后通过设备间的施工实例及现场布线施工加深对此部分内容的理解和认识。

实　训

一、学习设备间的布线施工方法

1. 查看设备间的位置情况。

2. 亲身感受设备间的环境。

3. 学习设备间的布线方案。

二、思考与练习

1. 设备间位置的选择要考虑哪些因素？

2. 设备间环境的要求有哪些？

3. 设备间大小和楼板负荷要求有哪些？

4. 设备间布线方案有哪几种？

5. 设备间的防护内容有哪些？

读书笔记

项目八　测试与验收综合布线工程

【项目背景】

综合布线工程的竣工验收必须经过严格的测试。测试也是鉴定综合布线工程各建设环节质量的重要手段，其相关的测试结果、测试资料将作为验收文档保存。实践统计分析表明，网络系统发生故障时，约 70% 是布线工程的质量问题。工程质量是否达到了设计要求，必须通过测试检验，施工项目的测试是评价工程质量好坏的唯一标准。施工项目测试的主要内容是检查工程施工是否达到了工程设计的预期目标，网络线路的传输能力是否符合标准。只有通过专业的测线设备和检测方法得到合格的专业测试数据，才能说明项目合格了。

【能力目标】

①了解测试的类型。

②熟悉测试与验收标准。

③掌握测试中应注意的问题和测试工具的使用。

④掌握永久链路、通道链路和光缆链路测试的方法。

【项目说明】

以《综合布线系统工程验收规范》（GB/T 50312—2016）为依据，对校园网络综合布线系统的布线链路进行测试。目前，综合布线系统主要是 5e 类布线系统和 6 类布线系统。本项目主要利用福禄克（FLUKE）网络测试仪对永久链路、通道链路、光缆链路进行测试，完成网络布线工程的验收。

任务一　永久链路测试

【任务目标】

掌握永久链路测试的场合、测试步骤及测试结果的处理方法。

【任务说明】

永久链路一般是在建筑物的主体工程完工后第一个开始施工的项目，在室内装修工程开始前要求全部完成并通过竣工验收测试。在测试的过程中，要重点关注选取的测试标准、线缆的安放位置、两端模块的施工质量等。由于永久链路的特殊性，所以测试的严格程度及施工工艺要求都非常高。

在永久链路的测试中，重点关注的参数有接线图、插入损耗、近端串扰（NEXT）、回波损耗（RL）等。

【相关知识】

1. 永久链路

当工程集成商（工程施工方）进行综合布线系统工程施工时，通常安装的都是模块到模块的传输链路，也就是从机房的配线架后引一条线缆，走天花板、墙孔或者地槽等路径，最终到达用户区的信息面板上。这样的链路在后期的实际使用过程中，甚至整个布线系统的寿命终结时，通常都不会有人对此进行改动，因此被称为永久链路。

2. 接线图

综合布线工程中的线缆通常也被称为双绞线，是由 8 根细线（4 个线对）组成的。这 8 根细线由不同的颜色进行标识，分别为白橙、橙、白绿、绿、白蓝、蓝、白棕、棕。这 8 根细线只能按照两种次序进行排列，具体如下：

① EIA/TIA 568-A：1- 白绿、2- 绿、3- 白橙、4- 蓝、5- 白蓝、6- 橙、7- 白棕、8- 棕；

② EIA/TIA 568-B：1- 白橙、2- 橙、3- 白绿、4- 蓝、5- 白蓝、6- 绿、7- 白棕、8- 棕。

这样的接线次序称为接线图。

如果不按照这种标准的接线次序，则无法统一参与施工人员的接线方式，最终使得整个布线系统根本无法使用。即使所有的工程都是由一个人完成的，也会直接导致整个工程在验收测试时不合格。

3. 插入损耗

信号在线缆中传输时，线缆本身会对电信号起到一个逐渐衰减的作用。传输的距离越长，电信号衰减的幅度越大。这样的现象叫插入损耗。

当电信号传输到线缆两端的接头或者模块上时，同样会发生信号的衰减，也属于插入损耗。

当插入损耗过大时，电信号在传输的过程中会被直接衰减到消失，或者在传输到终点时无法被设备所识别，线缆无法完成信号的传输功能。

4. NEXT

线缆中的 8 根细线距离非常近，当电信号在其中任意一根上传输时，由于物理学上的电磁感应现象，电信号会泄漏到其他的细线中，这种现象叫作串扰。如果在发射端收集泄漏过来的电信号，则称为“NEXT”。

当 NEXT 过大时，会对相邻细线的传输造成干扰，甚至在相邻的细线中凭空产生一个无用的信号，这样必然会对正常电信号的传输造成非常大的干扰，严重时将导致线缆本身不可用。

5. RL

线缆本身的电感、电容、电阻的大小等因素对电信号传输的影响称为特性阻抗。当以上这些因素保持不变时，则特性阻抗的数值也将保持不变，这称为阻抗一致或者匹配。而当发生改变时，特性阻抗的数值也将变化，这称为阻抗不一致或者不匹配。

电信号在线缆中沿着一个方向传输到阻抗不一致或者不匹配的位置点时，一部分电信号将会沿反方向传输，必然会对正常方向传输的电信号产生干扰，这种现象称为 RL。

当 RL 过大时，电信号无法被对端的设备识别，甚至被干扰消失。

6. 认证测试

在布线工程中，用户要求整个通信链路均合格。工程验收的一项重要内容就是要以链路标准对布线链路进行测试，符合标准的工程合格，不符合标准的不合格，并将这种测试称为认证测试。

【实现步骤】

①明确所测试的链路是否为永久链路，然后选用 FLUKE 网络永久链路测试适配器，并将该适配器插在 FLUKE 网络测试仪上，打开电源，如图 8-1 和图 8-2 所示。

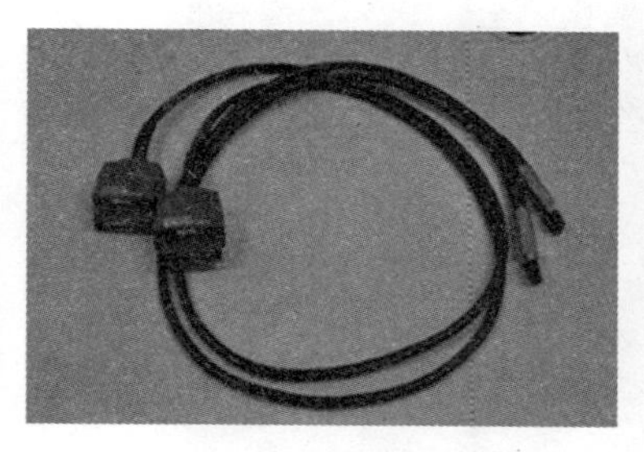

图 8-1　FLUKE 网络永久链路测试适配器

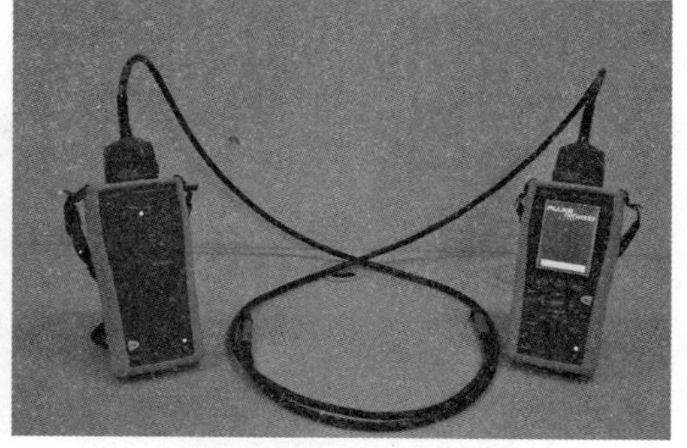

图 8-2　插好永久链路适配器

②在专业的认证测试仪上选取对应的测试标准。通常参照的标准有 EIA/TIA 568-C、GB 50312—2016 等，如图 8-3 所示。

③当标准确认后，还应选取与标准对应的线缆类型，如 5e 类线缆的永久链路测试标准，应选取 5e 类的线缆类型。

④按下 TEST 键进行测试，如图 8-4 所示。

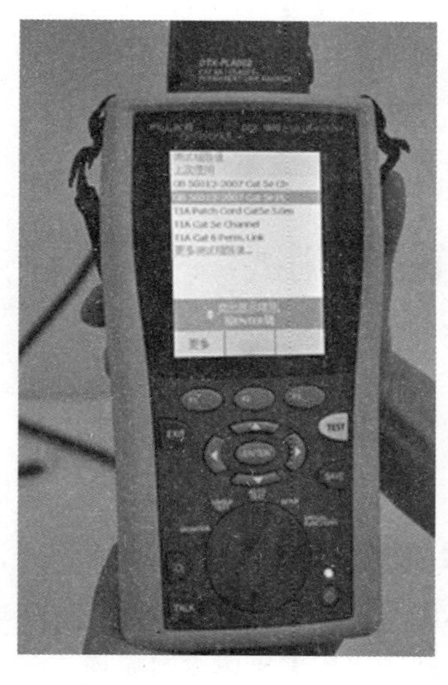

图 8-3　选用 GB 50312—2016 测试标准

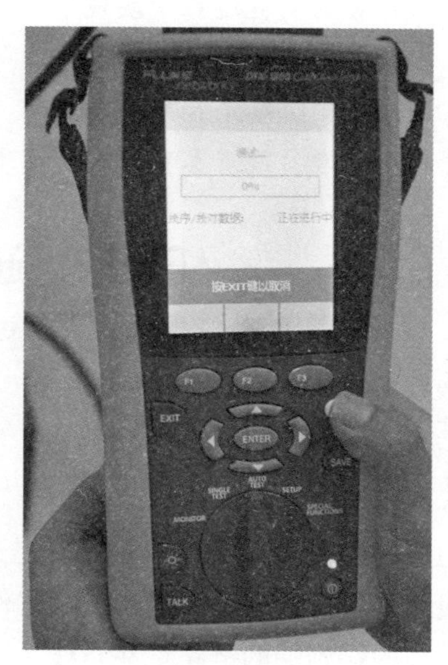

图 8-4　永久链路测试

⑤当测试完成后，如果测试的结果优于所选取的测试标准时，仪器将自动判断为“通过”，如图 8-5 所示；反之则为“失败”。

⑥将显示为“通过”的结果进行保存，并在电脑上导出结果打印成报告，以作为验收文档或者竣工资料，如图 8-6 所示。

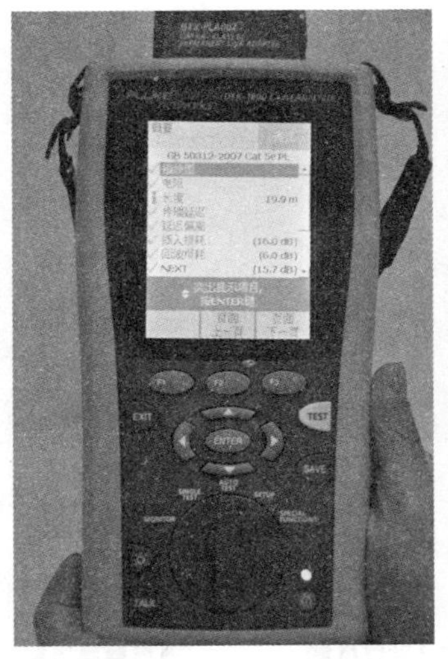

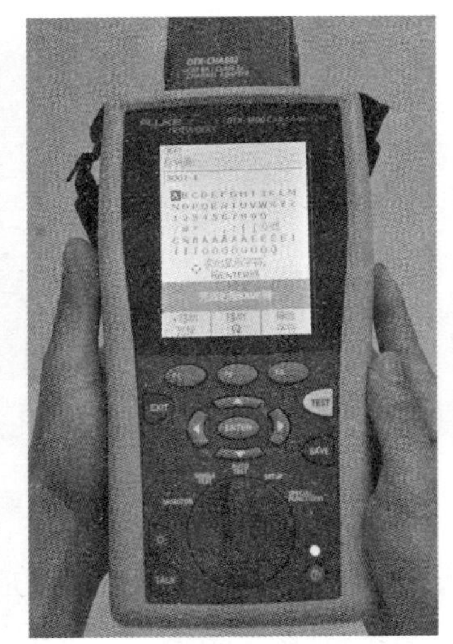

图 8-5　测试通过

图 8-6　保存测试结果

【小贴士】

在本任务的实施过程中实现了永久链路模型的测试，在操作中应注意以下几点。

①确认所测链路是否为永久链路。

②测试标准、线缆类型和测试模块是否统一。

任务二　通道链路测试

【任务目标】

掌握通道链路的测试方法。

【任务说明】

通道链路在 TIA 和 ISO 标准中是连接网络设备进行通信的完整链路，是包括配线间里连接网络设备的跳线、工作区中连接网络设备的跳线，以及连接配线架跳线的端到端的链路。在布线系统为网络应用提供服务时就需要端到端的性能保证，因此需要对整条布线链路进行端到端的通道（Channel）链路测试，如图 8-7 所示。

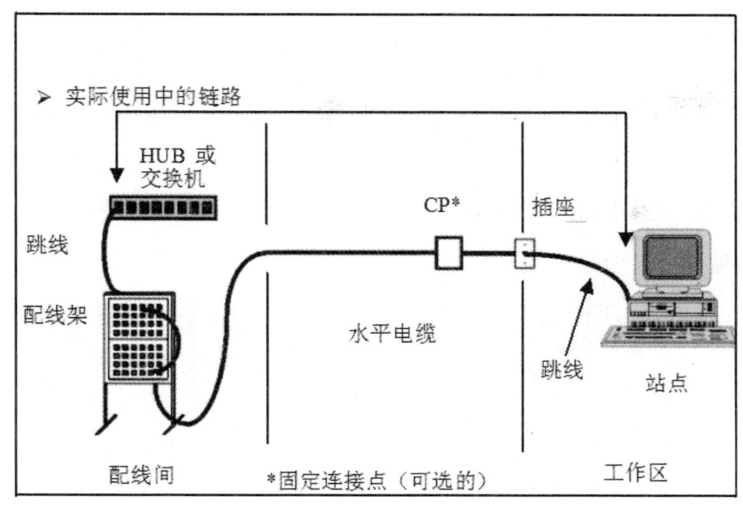

图 8-7　通道链路测试

【相关知识】

1. 电缆接线图未通过

电缆接线图和长度问题主要包括开路、短路、交叉等几种错误类型。当开路或短路时，故障点都会有很大的阻抗变化，对这类故障都可以利用高精度时域发射（HDTDR）技术来进行定位。故障点会对测试信号造成不同程度的反射，并且不同故障类型的阻抗变化是不同的，因此测试设备可以通过测试信号相位的变化，以及信号的反射时延来判断故障类型和距离。当然，定位的准确与否还受设备设定的信号在该链路中的标称速率影响。

2. 长度问题

长度未通过的原因可能有：标称速率设置不正确，可用已知长度的没有问题的线缆校准标称速率；实际长度超长；设备连线及跨接线的总长过长。

3. 衰减

信号的衰减与很多因素有关，如现场的温度、湿度、频率、电缆长度和端接工艺等。在现场测试工程中，电缆材质合格的前提下，衰减大多与电缆超长有关。通过前面的介绍很容易知道，对于链路超长可以通过 HDTDR 技术进行精确的定位。

4. 近端串扰

产生原因：端接工艺不规范，如接头处双绞线部分超过推荐的 13 mm，造成了电缆绞距被破坏；跳线质量差；不良的连接器；线缆性能差；串绕；线缆间过分挤压等。无论它是发生在某个接插件还是某一段链路上，都可以利用 HDTDR 技术发现它们的故障位置。

5. 回波损耗

回波损耗是由于链路阻抗不匹配造成的信号反射，其产生的原因：跳线特性阻抗不是 100 Ω；线缆对的连接被破坏或是有纽铰；连接器不良；线缆和连接器阻抗不恒定；链路上线缆和连接器不是同一厂家产品。由于回波损耗产生的原因是阻抗变化引起的信号反射，所以，可以利用 HDTDR 技术对故障进行精确定位。

【实现目标】

安装通道链路测试适配器，如图 8-8 所示，安装后的效果如图 8-9 所示。

图 8-8　通道链路测试适配器

图 8-9　安装好通道链路测试适配器

1. 连接被测链路

通道链路测试使用原跳线连接仪表，将测试仪主机连接到配线架信息端口的跳线一端，远端主机连在被测链路工作区用户插座，如图 8-10 所示。

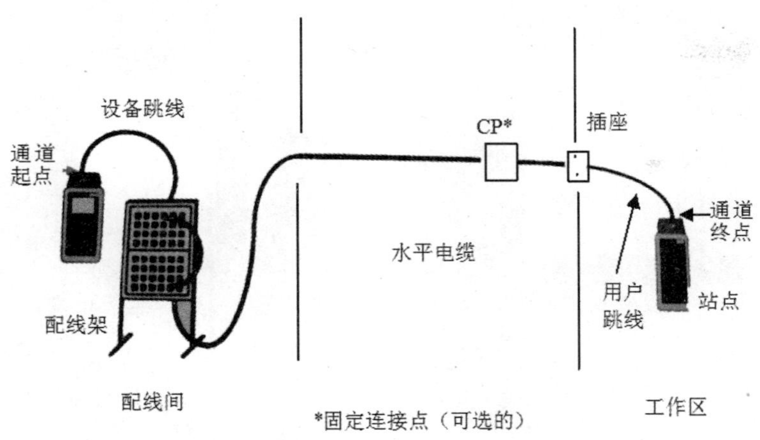

图 8-10　通道链路测试

2. 设置 DTX 测试仪

①连接好测试仪后，按绿键启动 DTX 测试仪，并选择中文或英文界面。

②设置测试仪的测试类型和标准：

将旋钮转至“SETUP”，如图 8-11 所示；

选择“Twisted Pair”；

选择“Cable Type”；

选择“UTP”；

选择“Cat 5e UTP”，如图 8-11 所示；

选择“GB/T 50312—2016 cat 5e ch 等”，如图 8-11 所示。

3. 按下 TEST 键进行测试

如图 8-12 所示开始通道链接测试，当测试完成后，如果测试的结果优于所选取的测试标准时，仪器将自动判断为“通过”，如图 8-13 所示；反之则判断为“失败”。

4. 保存测试结果

在测试中为测试结果命名，并保存结果。

①通过 LINK WARE 预先下载。

②可以通过以下方式命名：手动输入、自动递增、自动序列。

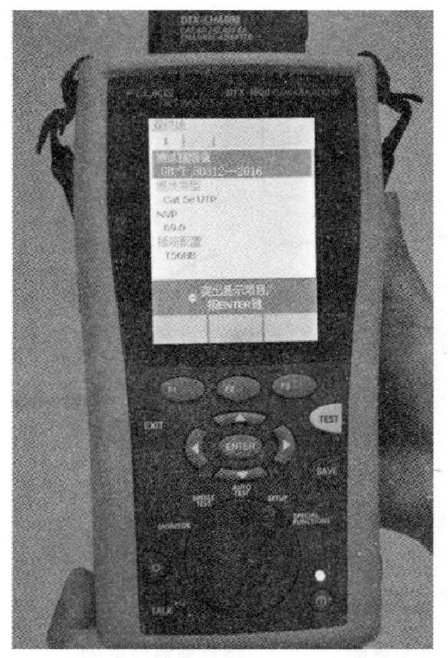

图 8-11　设置测试类型和标准

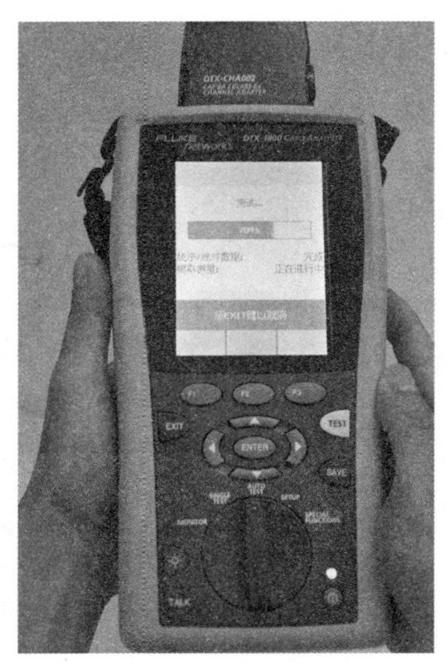

图 8-12　通道链接测试

③保存测试结果。测试通过后，按“SAVE”键保存测试结果，结果可保存于内部存储器和多媒体卡（MMC），如图 8-14 所示。

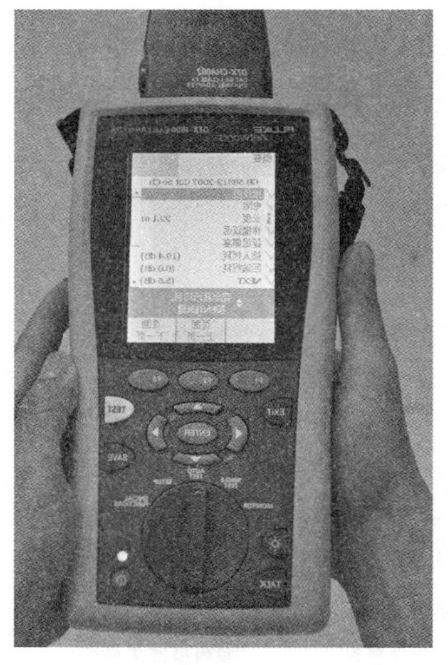

图 8-13　测试通过

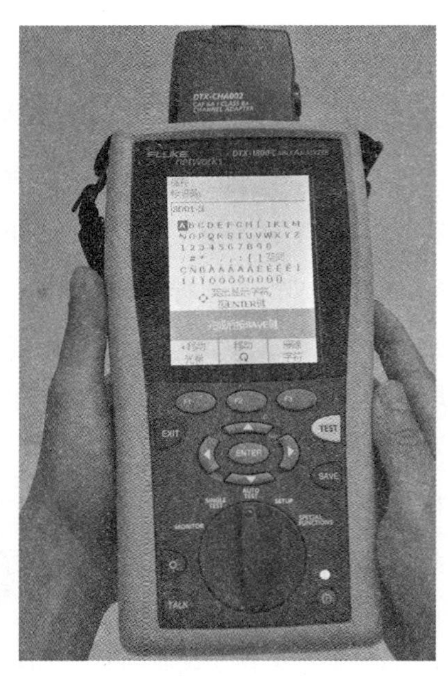

图 8-14　保存测试结果

5. 将测试结果发送至管理软件 LINK WARE

当所有要测的信息点测试完成后，将移动存储卡上的结果发送到安装在计算机上的管理软件 LINK WARE 中进行管理分析。LINK WARE 软件提供几种形式的用户测试报告，如图 8-15 所示为其中一种。测试报告可从 LINK WARE 打印输出，也可通过串口将测试主机直接连打印机打印输出。

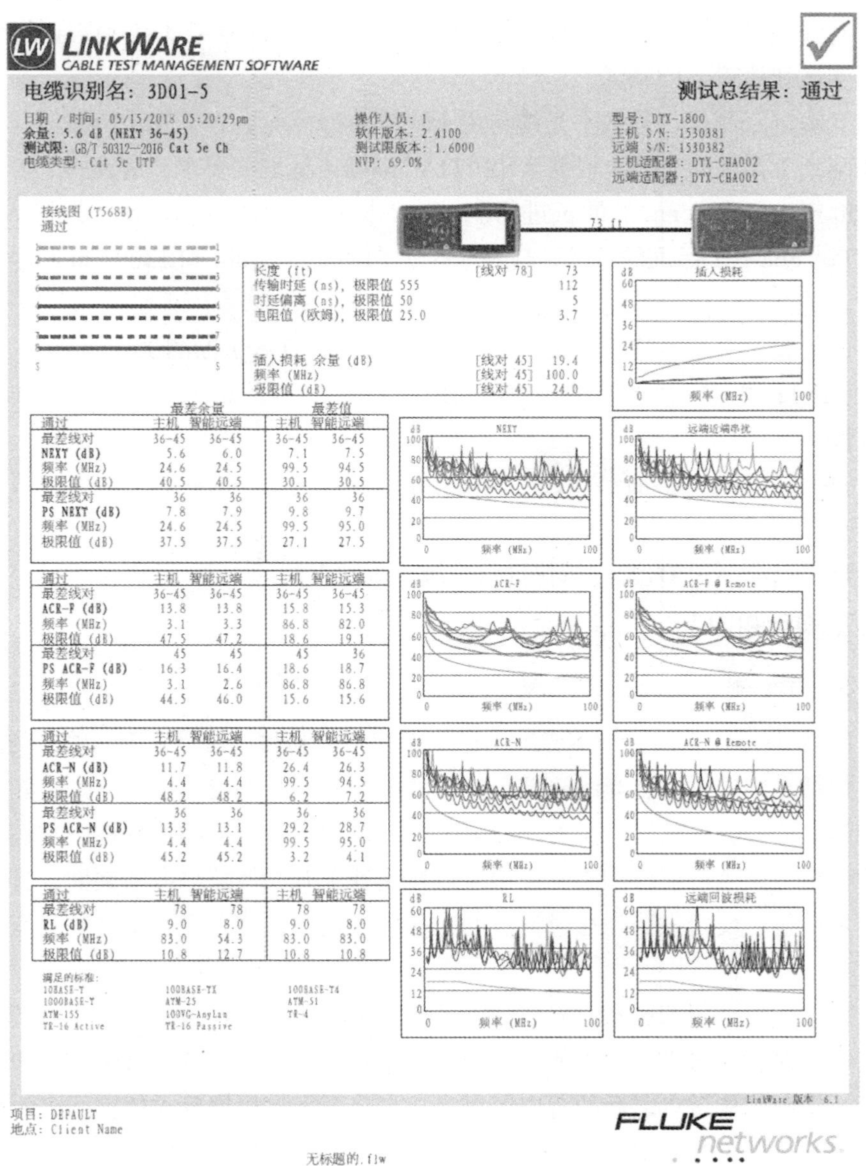

LINKWARE
CABLE TEST MANAGEMENT SOFTWARE

电缆识别名：3D01-5　　　　测试总结果：通过

日期 / 时间：05/15/2018 05:20:29pm
余量：5.6 dB (NEXT 36-45)
测试限：GB/T 50312—2016 Cat 5e Ch
电缆类型：Cat 5e UTP

操作人员：1
软件版本：2.4100
测试限版本：1.6000
NVP：69.0%

型号：DTX-1800
主机 S/N：1530381
远端 S/N：1530382
主机适配器：DTX-CHA002
远端适配器：DTX-CHA002

接线图 (T568B)
通过

73 ft

长度 (ft)	[线对 78]	73
传输时延 (ns)，极限值 555		112
时延偏离 (ns)，极限值 50		5
电阻值 (欧姆)，极限值 25.0		3.7
插入损耗 余量 (dB)	[线对 45]	19.4
频率 (MHz)	[线对 45]	100.0
极限值 (dB)	[线对 45]	24.0

	最差余量		最差值	
通过	主机	智能远端	主机	智能远端
最差线对	36-45	36-45	36-45	36-45
NEXT (dB)	5.6	6.0	7.1	7.5
频率 (MHz)	24.6	24.5	99.5	94.5
极限值 (dB)	40.5	40.5	30.1	30.5
最差线对	36	36	36	36
PS NEXT (dB)	7.8	7.9	9.8	9.7
频率 (MHz)	24.6	24.5	99.5	95.0
极限值 (dB)	37.5	37.5	27.1	27.5

通过	主机	智能远端	主机	智能远端
最差线对	36-45	36-45	36-45	36-45
ACR-F (dB)	13.8	13.8	15.8	15.3
频率 (MHz)	3.1	3.3	86.8	82.0
极限值 (dB)	47.5	47.2	18.6	19.1
最差线对	45	45	45	36
PS ACR-F (dB)	16.3	16.4	18.6	18.7
频率 (MHz)	3.1	2.6	86.8	86.8
极限值 (dB)	44.5	46.0	15.6	15.6

通过	主机	智能远端	主机	智能远端
最差线对	36-45	36-45	36-45	36-45
ACR-N (dB)	11.7	11.8	26.4	26.3
频率 (MHz)	4.4	4.4	99.5	94.5
极限值 (dB)	48.2	48.2	6.2	7.2
最差线对	36	36	36	36
PS ACR-N (dB)	13.3	13.1	29.2	28.7
频率 (MHz)	4.4	4.4	99.5	95.0
极限值 (dB)	45.2	45.2	3.2	4.1

通过	主机	智能远端	主机	智能远端
最差线对	78	78	78	78
RL (dB)	9.0	8.0	9.0	8.0
频率 (MHz)	83.0	54.3	83.0	83.0
极限值 (dB)	10.8	12.7	10.8	10.8

满足的标准：

10BASE-T	100BASE-TX	100BASE-T4
1000BASE-T	ATM-25	ATM-51
ATM-155	100VG-AnyLan	TR-4
TR-16 Active	TR-16 Passive	

LinkWare 版本 6.1

项目：DEFAULT
地点：Client Name

无标题的.flw

FLUKE networks

图 8-15　测试报告

任务三　光缆链路测试

【任务目标】

掌握光缆链路性能测试。

【任务说明】

对安装好的光缆链路进行性能测试。光缆链路的性能测试包括连通性测试、衰减测试和故障定位测试。

光缆链路测试，分水平光缆与主干光缆两种情况。水平光缆链路段是指从设备间到工作区的光缆，根据 ANSI/TIA 568-B.1 标准的要求，应在一个方向使用 850 nm 或 1300 nm 的波长进行测试；不同设备间的主干光缆，根据 ANSI/EIA/TIA 568-B.1 标准的要求，应在一个方向使用 850 nm 和 1300 nm 两个波长进行测试。

同时，对于光缆链路测试，定义了两个级别（Tier）的测试。

Tire 1：测试长度与衰减，使用光损耗测试仪或可视故障定位仪（VFL）验证极性。

Tier 2：Tier 1 再加上 OTDR，将链路的完好情况和故障状态以斜线或曲线的形式显示。

这里只介绍用 DTX 测试仪进行一级测试的方法。

【相关知识】

1. DTX 测试仪的工作原理

DTX 测试仪是通过被测光缆中产生的背向瑞利散射信号来工作的，测试的项目包括光缆的长度、光缆衰耗、光缆故障点和光缆的接头损耗，是检测光缆性能和故障的必备仪器。由于光缆自身的缺陷和掺杂成分的均匀性，它们在光子的作用下产生散射，如果光缆中（或接头处）有几何缺陷或断裂面，将产生菲涅尔反射，反射强弱与通过该点的光功率成正比，这就反映了光缆各点的衰耗大小。

因散射光是向四面八方发射的，反射光也将形成比较大的反射角，即使只有微弱散射和反射光，它也能进入光缆的孔径角而反向传到输入端。假如光缆中断，就会使从该点之后的背向散射光功率降到零。根据反向传输回来的散射光的情况，即可断定光缆的断点位置和光缆长度。这就是 DTX 测试仪的基本工作原理。

2. 测试光缆的 4 种方法

①连通性测试。

②端 - 端损耗测试。端 - 端损耗测试采取插入式测试方法，使用一台功率测量仪和一个光源，先把被测光缆的某个位置作为参考点，测试出参考功率值，然后再进行端 - 端测试并记录下信号增益值，两者之差即实际端 - 端损耗值。

③收发功率测试。收发功率测试是测定布线系统光缆链路的有效方法，使用的设备主要是光缆功率测试仪和一段跳线。

④反射损耗测试是光缆线路检修非常有效的手段。它采用 DTX 测试仪来完成测试，基本原理是利用导入光与反射光的时间差来测定距离，据此可以准确判定故障的位置。

3. 光缆测试标准

光缆链路布线标准对各种类型的光缆链路的长度和最大衰减、光缆连接点最大衰减给出了规定，测试时要根据被测光缆链路长度、光缆适配器个数和光缆熔接点的个数来测试和计算光缆链路是否符合标准，测试时每个测试点的衰减都必须符合标准。

【实现步骤】

现按 Tier 1 级别，对光缆进行衰减测试和光缆长度测试。衰减测试即光功率损耗测试，其步骤如下。

首先，根据厂商的要求清洁测试跳线连接器和测试耦合器。

其次，安装好单模或多模光缆测试模块，如图 8-16 所示。

最后，根据测试设备厂商的要求对设备进行初始化调整，设置基准。

①按图 8-17 所示连接光缆跳线。

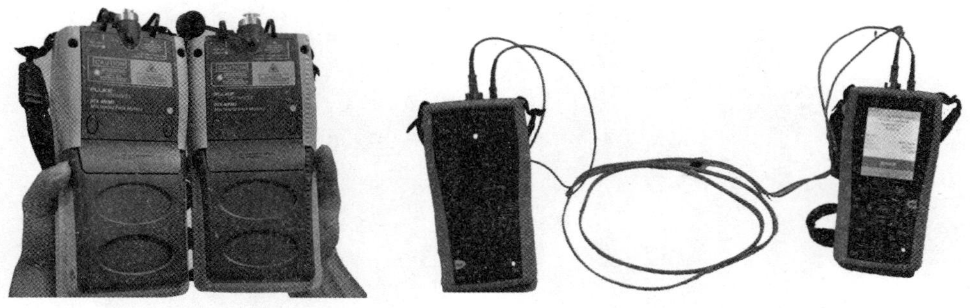

图 8-16　安装光缆测试模块

图 8-17　安装光缆跳线

②将拨盘扭转至“SPECIAL FUNCTIONS”。

③选择“设置基准”，如图 8-18 所示。

④按“TEST”键，然后查看连接，如图 8-19 所示。

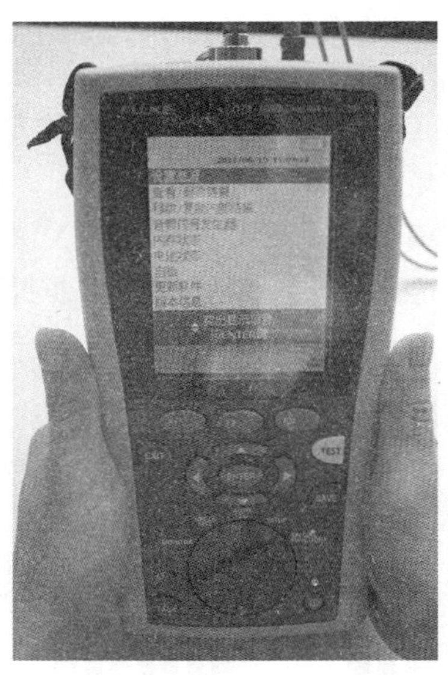

图 8-18　设置基准

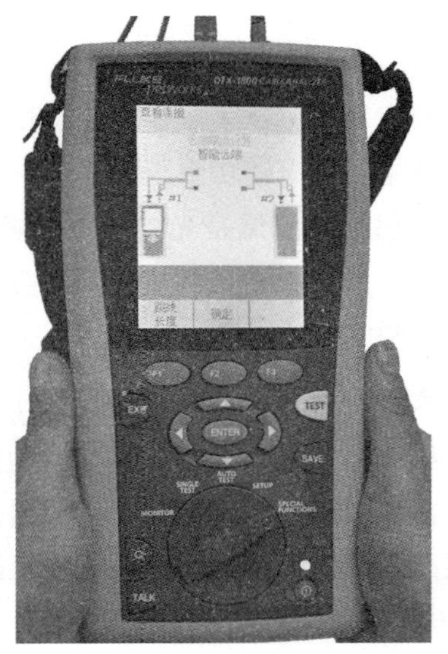

图 8-19　查看连接

⑤启动自动测试（AUTOTEST），按“TEST”键开始测试，如图 8-20 所示。

⑥查看光缆测试结果，如图 8-21 所示。

图 8-20　开始测试

图 8-21　光缆测试结果

任务四　网络布线工程的验收

【任务目标】

掌握网络布线工程验收的主要项目和各项目验收的主要要求。

【任务说明】

验收是用户对网络布线工程施工工作的认可，用户需要确认：工程是否达到原本的设计目标。质量是否符合要求。有没有不符合原设计的有关施工规范的地方。本任务要求学习体会工程验收的内容与流程。

【相关知识】

1. 明确网络布线工程验收的主要项目

一个网络布线工程涉及的项目非常多，而且工期比较长，工程验收需要非常仔细，要将网络中存在的问题以及所采购设备的型号等内容核对清楚，以免给后期的网络维护带来不必要的麻烦。网络布线工程验收的主要项目有以下几个。

（1）现场物理验收

现场物理验收主要从物理层面上对整个网络工程的布线情况进行验收，主要对工作区子系统、配线子系统、干线子系统以及配线间、设备间、进线间子系统的验收。

（2）文档与系统测试验收

文档验收主要是检查乙方是否按协议或合同规定的要求交付所需要的文档。系统测试验收就是由甲方组织专家对信息点进行有选择的测试，检查测试结果。

2. 现场物理验收

工程验收需要由甲乙双方组成一个验收小组，由该小组对网络工程的情况进行验收，并签字确认，小组成员通常为双方的工程技术人员，也可以聘请第三方的相关人士参与。现场物理验收通常是按不同的工作进行验收的。

（1）工作区子系统的验收

在网络综合工程中，工程区一般比较多，在工作区进行验收时，可以不按逐个工作区进行验收，而是随机选取一些工作区进行验收，验收的主要内容如下。

①线槽走向是否正确，布线是否美观大方和符合规范。

②信息插座是否按规范进行安装。

③信息插座是否做到等高、等平、牢固。

④信息面板是否都固定牢靠。

（2）配线子系统的验收

配线子系统的验收主要内容如下。

①线槽安装是否符合规范。

②槽与槽、槽与槽盖是否接合良好。

③托架、吊杆是否安装牢靠。

④水平干线与垂直干线、工作区交接处是否出现裸线。

⑤水平干线槽内的线缆有没有固定好。

（3）干线子系统的验收

干线子系统的验收内容与配线子系统的验收内容类似，此外还要检查楼层与楼层之间的洞口是否封闭，线缆是否按间隔要求固定，拐弯线缆是否留有弧度。

（4）配线间、设备间、进线间子系统的验收

验收时检查设备安装是否规范整洁。

3. 检查设备安装

布线系统的设备安装主要涉及机柜和配线架的安装、信息模块的安装等内容。

（1）机柜和配线架的安装

在配线间或设备间内通常都安放有机柜（或机架），机柜内主要包括基本框架、内部支撑系统、布线系统、通风系统，应根据实际需要在其内部安装一些网络设备。配线架安装在机柜中的适当位置，一般在交换机、路由器的上方或下方。水平线缆首先连入配线架模块，然后再通过跳线接入交换机。对于干线系统的光纤要先连接到光纤配线架，再通过光纤跳线连接到交换机的光纤模块接口。

机柜和配线架的验收应按以下顺序进行。

①在安装机柜时要检查机柜安装的位置是否正确，规格、型号、外观是否符合要求。

②机柜内的网络设备安装是否有序、合理。

③跳线制作是否规范、配线面板的界限是否美观、整洁。

④线序是否合理、清楚，标识是否清晰、明了。

（2）信息模块的安装

工作区的信息插座包括面板、模块、底盒，其安放的位置应当是用户使用最方便的位置，一般安放位置在距离墙角线 0.3 m 左右，也可以安放在办公桌的相应位置。专用的信息插座模块可以安装在地板上或是大厅、广场的某一位置。

信息模块的验收应按以下顺序进行。

①信息插座安装的位置是否规范。

②信息插座、盖安装是否平、直。

③信息插座、盖是否用螺钉拧紧。

④标志是否齐全。

4. 检查线缆的安装与布放

双绞线和光缆是网络布线中使用最多的传输介质，布线量非常大，所以在工程验收时，这一块是重点的检查项目，验收均在施工过程中由用户与督导人员随工检查。发现不合格的地方时应做到随时返工，如果在布线工程完成后再检查，待出现问题后再处理会比较麻烦。

线缆的检查应按以下顺序进行。

（1）桥架和线槽安装是否规范

①位置是否正确。

②安装是否符合要求。

③接地是否正确。

（2）线缆布线是否规范

①线缆的型号、规格是否与设计规定相符合。

②线缆的标号是否正确，线缆两端是否贴有标签，标签书写应清晰，标签是否选用不易损坏的材料等。

③线缆拐弯处是否符合规范。

④竖井的线槽、线固定是否牢固。

⑤是否存在裸线。

5. 清点与验收设备

①明确任务目标。对照设备订货清单或者中标书清点到货设备，确保到货设备与订货或中标型号一致，并做好必要的记录。若有必要，应将各设备号记录在册，使验货工作有条不紊地进行。

②先期准备。由系统集成商负责人员在设备到货前根据订货单填写《到货

设备登录表》，以便到货后验查、清点。《到货设备登录表》仅为方便工作而设定，所以不需任何人签字，只需由专人保管即可。

③开箱检查、清点、验收。在一般情况下，设备厂商会提供一份验收单，可以设备厂商的验收单为准。仔细验收各设备的型号、数量以及设备的外观以及网络设备的附加模块、线缆等内容，并做好记录。妥善保存设备相关文档、质保单和说明书。软件和驱动程序应单独存放在安全的地方。

④登记、贴标。设备验收后，就由本单位负全部责任，是本单位的固定资产。根据本单位的固定资产编号情况，将所有的设备进行登录造册，并归属不同的部门保管，贴上单位固定资产编号，请相关责任人签字认可。

6. 文档与系统测试验收

（1）网络系统的初步验收

网络设备测试成功的标准：能够从网络中任一机器和设备（有 Ping 或 Telnet 功能）Ping 通及 Telnet 通网络中其他任一机器或设备（同样拥有 Ping 或 Telnet 功能）。由于网络内设备较多，不可能对全部设备进行测试，故可采用以下方式进行测试。

①在每一个子网中随机选取两台机器或设备，进行 Ping 和 Telnet 测试。

②测试每一对子网的连通性，即从两个子网中各选一台机器或设备进行 Ping 和 Telnet 测试。

③在测试时，Ping 测试每次发送的数据包不应少于 300 个，Telnet 连通即可。Ping 测试的成功率在局域网内应达到 100%，在广域网内由于线路质量问题，则 Ping 测试的成功率可视具体情况而定，一般不应低于 80%。

④将测试所得数据填入《验收测试报告》。

（2）网络系统试运行

从初步验收结束起，整个网络系统进入为期 2 ～ 3 个月的试运行阶段。整个网络系统持续不断地试运行的时间不应少于两个月。试运行由系统集成厂商代表负责，用户和设备厂商密切协调配合。在试运行期间要完成以下任务。

①监视系统运行。

②网络基本应用测试。

③可靠性测试。

④断电－重启测试。

⑤冗余模块测试。

⑥安全性测试。

⑦网络负载能力测试。

⑧系统最忙时访问能力测试。

（3）网络系统最终验收

各种系统试运行满三个月后，由用户对系统集成商所承做的网络系统进行最终验收。

①检查试运行期间的所有运行报告及各种测试数据。确定各项测试工作已做好，所有遗留的问题都已解决。

②验收测试。按照测试标准对整个网络系统进行抽样测试，将测试结果填入《验收测试报告》。

③签署《验收报告》，该报告后附《验收测试报告》。

④向用户移交所有技术文档，包括所有设备的详细配置参数、各种用户手册等。

（4）交接和维护

①网络系统交接。交接时应该逐步使用户熟悉系统，进而能够掌握、管理和维护系统。交接包括系统交接和技术资料交接，系统交接一直延续到维护阶段，技术资料交接包括在实施过程中所产生的全部文件和记录，包括总体设计文档、工程实施设计、系统配置文档、各个格式报告、系统维护手册（设备随机文档）、系统操作手册（设备随机文档）、系统管理建议书等。

②网络系统维护。在技术资料交接之后，进入维护阶段。系统的维护工作贯穿系统的整个生命期，用户方的系统管理人员需在此期间内培养独立处理各种事件的能力。

在系统维护期间，系统出现任何故障，都应详细填写相应的故障报告，并通知相应的人员（系统集成商技术人员）处理。

在合同规定的无偿维护期之后，系统的维护工作原则上由用户自己完成，对系统的修改，用户可以独立进行。为对系统的工作实施严格的质量保证，建议用户填写详细的系统运行记录和修改记录。

7. 召开工作鉴定会

（1）准备鉴定材料

在一般情况下，网络布线工程结束后，用户方与施工方需要共同组织一个工程鉴定会，用户方聘请相关专家对工程施工情况、网络配置项目等进行鉴定，而施工方需要准备相应的鉴定材料。施工方为鉴定会准备的材料有：网络布线工程建设报告、网络布线工程测试报告、网络布线工程资料审核报告、网络布线工程用户意见报告、网络布线工程验收报告。

①网络布线工程建设报告：主要由工程概况、工程设计与实施、工程特点、工程文档等内容组成。

②网络布线工程测试报告：主要包括线缆的检测、桥架和线槽的查验、信息点参数的测试等内容。

③网络布线工程资料审核报告：主要报告网络布线工程技术资料的审查情况，审查施工方为用户提供了哪些技术资料。

④网络布线工程用户意见报告：主要报告用户对工程的相关意见。

⑤网络布线工程验收报告：对工程的一个综合评价。

（2）聘请领导、专家

聘请领导、专家的工作由用户方完成，具体聘请的人员由用户方自己确定。在通常情况下，聘请的专家最好是校园网络布线工程方面的专家，当然也可以聘请其他网络的工程技术人员。

（3）召开鉴定会

鉴定会一般是在网络布线工程的现场进行的，由用户方与施工方共同组织，施工方完成网络布线工程建设报告，用户方完成网络布线工程验收报告等工作，最后，多方在鉴定结论上签字认可。必要时，与会专家可以对施工方就网络布线施工、设计等方面的问题进行提问，由施工方给出相关的答复。

（4）提交验收材料

在验收、鉴定会结束后，将施工方交付的文档材料和验收、鉴定会上所使用的材料一起交给用户方的相关部门，由用户方的相关部门对材料进行整理。

小　结

本项目我们学习了综合布线工程相关测试与验收的知识，包括利用FLUKE网络测试仪进行永久链路测试，如何进行通道链路测试和光缆链路测试，以及如何对网络布线工程进行验收。

实　训

1. 完成FLUKE测试仪器的相关设置。

2. 使用FLUKE测试仪完成永久链路测试、通道链路测试以及光缆链路测试。

3. 查阅相关资料，完成一份网络综合布线验收竣工文档。

读书笔记

项目九　综合布线系统的维护和故障诊断

【项目背景】

一个综合布线系统工程的质量除了要关注材料质量和施工人员技术水平外，还应重点关注故障的排查。因为发生故障是不可避免的，这就要求我们能快速发现、找到并解决问题。只有及时修复并不断地总结问题与故障发生的原因，才能在提高工程施工速度的同时保证工程质量。要达到这一目的，专业的测试设备和熟练的操作人员是不可或缺的，两者的相互配合才能发挥最大效率，为综合布线工程的顺利开展保驾护航。

【能力目标】

①掌握 5e 类、6 类线测试相关标准。

②掌握电缆两种测试方法。

③掌握网络听诊与诊断的方法。

④掌握测试仪故障诊断功能的使用。

【项目说明】

综合布线系统工程质量的好坏离不开快速的故障排查，而这又需要专业的测试设备和熟练的操作人员。操作人员的故障排查能力的提高需要经过大量的实践操作和理论分析的学习，下面的内容将重点讲解如何对常见的故障进行分析，如何确认故障点的位置，以及如何利用测试设备实现故障排查。

任务一　测试设备精度对测试结果的影响

【任务目标】

根据不同仪器的测试结果，及时发现仪器本身的问题。

【任务说明】

某大学教学楼6类线缆的综合布线项目完成后，在工程验收时出现了大量的PASS*测试结果，还有部分网络不通。测试所用的仪器是从校外租来的。

【相关知识】

1. PASS*

任何做测试的仪器都有一个无法判断的范围，这个范围叫作“测试死区”。当测试结果落在“通过”的一侧，并且处于测试死区时，仪器无法给出明确的“通过”判断，只能以PASS*（通过*）来显示结果。测试精度越高的仪器，这样的死区范围也越小。这样的测试结果也是标准所允许的。

2. 余量

仪器测试结果与标准值的差值叫作余量。当测试结果好于标准值时，余量为正数，反之为负数。正数余量越大，则代表所测试的链路质量越好。

【实现步骤】

由于测试仪器是从校外租来的，所以无法保证仪器本身是否存在问题。如果仪器本身存在问题，则所测试的结果也不可信，如图9-1所示是租用的仪器测试的结果。

再用一台有测试精度保证的仪器对同样的链路进行测试，发现测试的结果很好，余量也很大，如图9-2所示是精度有保证的仪器测试的结果。

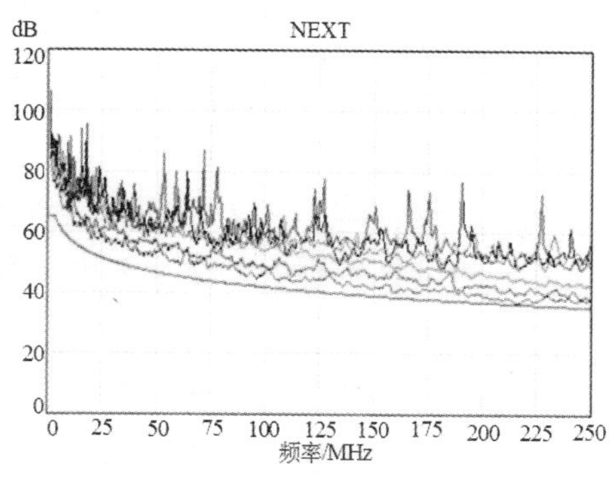

图9-1　租用仪器测试的结果

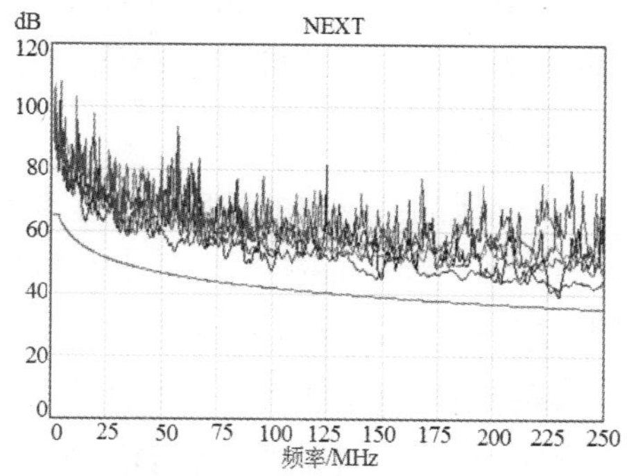

图9-2　精度有保证仪器测试的结果

到此时，基本可以确认，租来的仪器本身存在问题，导致测试结果也出现了问题。

【小贴士】

我们不仅要对布线系统工程进行验收，还要保证验收所用的测试仪是处于正常工作状态，这就要求选用能够保证测试精度的仪表。

任务二　线缆质量引起的 NEXT 失败

【任务目标】

了解工程中所用的材料不合格对测试结果的影响。

【任务说明】

某中央企业新大楼布设了 5e 类系统，在初期测试时发现所测数据全部不合格，全部 NEXT 测试参数失败。

【相关知识】

1. NEXT

在一条线缆中有 8 根细线，而且彼此间的距离非常近。当电信号在其中任意一根上传输时，由于物理学上的电磁感应现象，电信号会泄漏到其他的细线中，这种现象叫作串扰。如果在发射端收集到泄漏过来的电信号，则称为 NEXT。

2. HDTDX

HDTDX 即高精度时域串扰分析，是 FLUKE 测试仪的专利，其主要通过时域反射的原理，向线缆中发射脉冲信号，通过收集反射的信号来描绘线缆的内部干扰情况，其主要用于 NEXT 的故障分析定位。

【实现步骤】

①确保测试仪器的精度处于正常范围。

②对工程链路按照 5e 类永久链路标准进行测试，发现 NEXT（串扰）参数测试失败，而且这一故障存在于所有的链路中。

③将现场剩余线缆进行抽样测试，发现依旧存在 NEXT 问题。

④用仪器上自带的 HDTDX 故障排查功能进行故障分析，发现整条链路上的 NEXT 测试结果都有问题，如图 9-3 所示。

⑤查看线缆外观，发现材质偏软，各线对的绞距相同，得出所使用的全部 5e 类线缆不合格的结论。

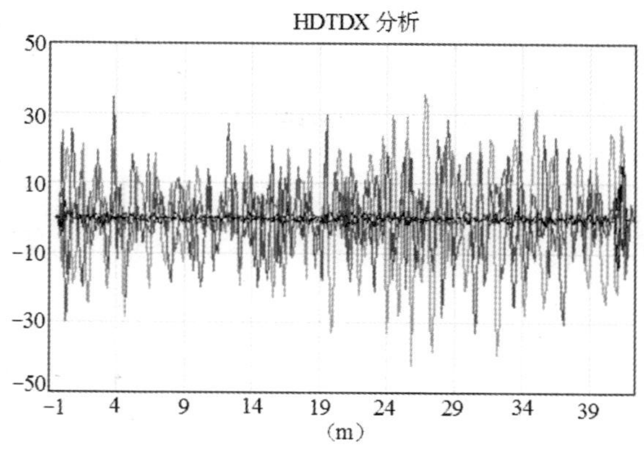

图 9-3　HDTDX 故障分析结果

【小贴士】

由于 NEXT 参数反映的是线缆本身消除和抵御干扰（这里主要指线缆间的内部干扰）能力，如果线缆在设计或生产的过程中绞距没有处理好，则很容易导致测试失败。

在此工程中所用的 5e 类线缆全部都是不合格的线缆，才导致了这样的测试结果。所以在工程中要选用合格的线缆。

任务三　端接问题导致 NEXT 失败

【任务目标】

了解不合格的施工对测试结果的影响。

【任务说明】

某中学的网络机房在布线后进行测试，发现很多测试均不合格，其主要出问题的参数是 NEXT。

【实现步骤】

①选取对应的标准对链路进行测试。

②测试结果中显示 NEXT 和回波损耗（RL）两个参数出现问题。

③利用测试仪上自带的 NEXT 故障定位功能进行 HDTDX，发现在链路的两个端点出现了很大的曲线波动，其结果如图 9-4 所示。

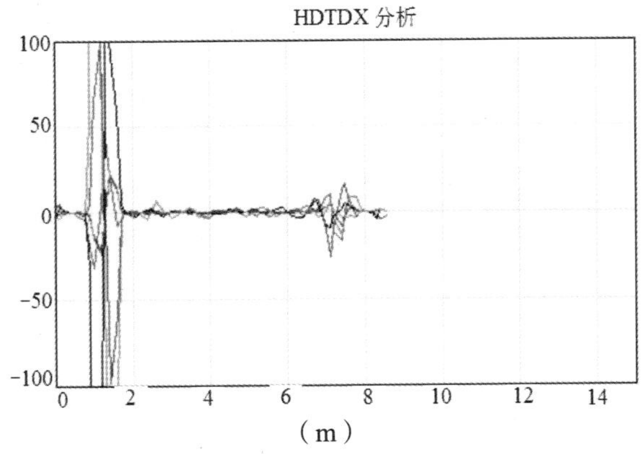

图 9-4　HDTDX 结果

在图 9-4 中可看到，线缆的两个端点都出现了波动很大的一段曲线，而在中间部分却没有。这说明网络问题出在线缆的连接端上，而线缆本身没有问题。

经过到现场位置点查看后发现，施工方在对所有配线架端接前，错误地将线缆的绞距完全打开后才进行端接，如图 9-5 所示，而我们的正常绞距应如图 9-6 所示。

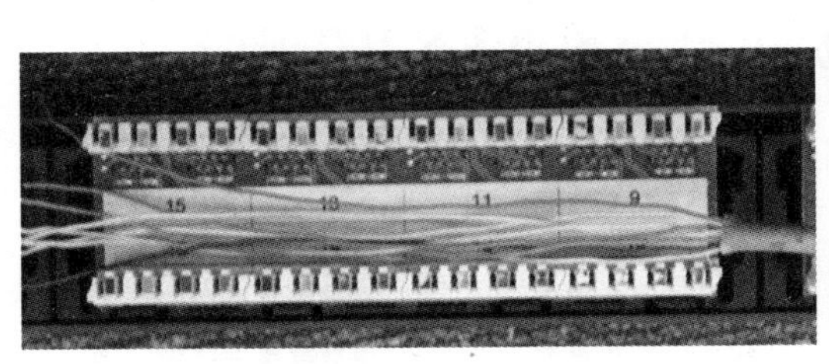

图 9-5　现场故障

图 9-6　正常绞距

【小贴士】

NEXT 测试失败最有可能的原因就是绞距出现问题。我们在对线缆进行加工或者安装时，应做到尽量少地去破坏线缆原有的绞距结构，这样才能保证 NEXT 参数在测试时的合格率。因此布线施工时要按照布线施工规范正确端接。

任务四　接续线缆引起回波损耗参数异常

【任务目标】

了解不合格的施工对测试结果的影响。

【任务说明】

某大学宿舍楼布线工程验收，整体工程质量还可以，初次测试失败率仅为1%，其中失败的参数为回波损耗。

【实现步骤】

①选取相应的标准对链路进行测试。

②在测试的结果中发现 RL 参数出现异常。

③采用测试仪上自带的 RL 故障定位功能进行 HDTDR 分析，发现在距配线架 4 m 处出现了一个很大的曲线波动，如图 9-7 所示。

经过询问布线工人，得知工人在布线时发现线缆长度不够，只好续接了一段线上去，如图 9-8 所示。

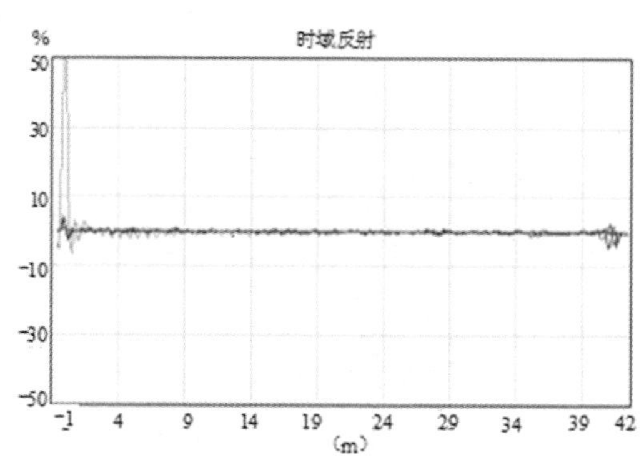

图 9-7　时域反射故障分析

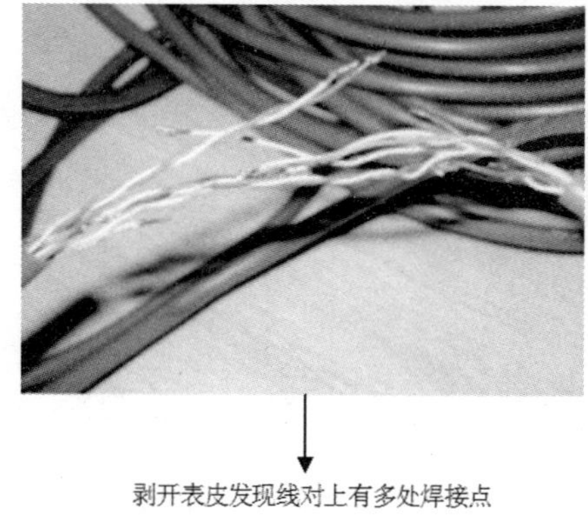

图 9-8　故障现场

【小贴士】

布线工程中的线缆不等同于电线，要保证有良好的数据传输能力，线缆本身的特性阻抗必须保持一致，否则极有可能导致 RL 参数出现异常。

任务五　线缆进水导致回波损耗故障

【任务目标】

了解外部环境对链路测试结果的影响。

【任务说明】

某机场的6类布线工程验收，在部分区域发现大量的RL故障，通过率仅为20%。

【实现步骤】

①选取对应的标准对链路进行测试。

②在测试的结果中发现RL参数出现异常，并且位于一段区域内。

③经过仪器自带的HDTDR分析后，发现故障点位置正好曾经大量进水，导致线缆被水浸泡过。HDTDR分析的图形如图9-9所示。

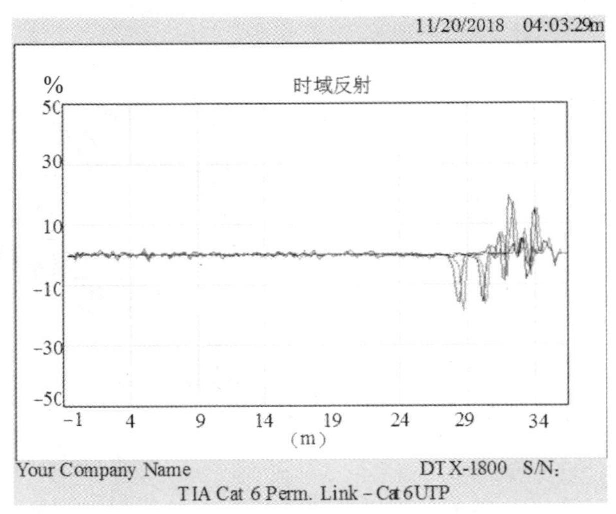

图9-9　HDTDR分析的结果

【小贴士】

特性阻抗处理得好坏是关系到线缆质量是否合格的一个非常重要的因素，而回波损耗测试的结果与之也是相对应的。由于线缆被水浸泡过，导致线缆材质和线对间介质发生改变，导致特性阻抗发生改变，电信号传输到此位置点时就会产生非常大的回波损耗现象，最终的测试结果也证明了这一点。因此，要及时更换遭到水浸等外部因素破坏的线缆。

任务六　器件不兼容导致 NEXT 失败

【任务目标】

了解组成链路的不同器件间的匹配问题对测试结果的影响。

【任务说明】

在某个布线工程的验收过程中，出现了大量的失败结果，最主要的参数为 NEXT。

【实现步骤】

①选取对应的标准对链路进行测试。

②从测试结果来看，发现大量的 NEXT 参数出现异常，如图 9-10 所示。

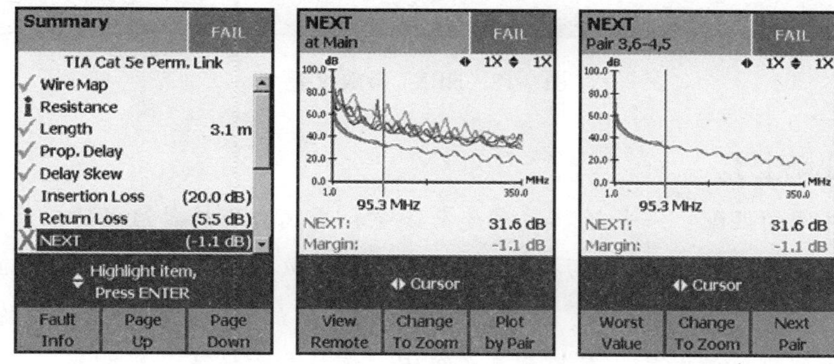

图 9-10　NEXT 参数异常显示

③针对 NEXT 参数进行 HDTDX，如图 9-11 所示，发现故障的位置都处于链路的两端。

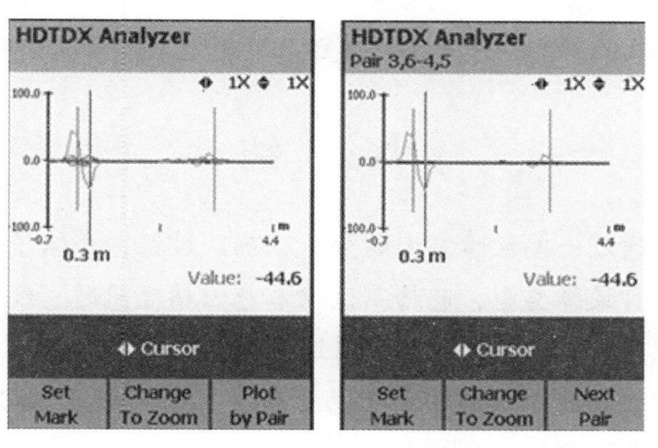

图 9-11　HDTDX 结果

④对链路两端的端接进行重新处理，再次的测试结果依旧如故。于是换上不同品牌的配线架重新进行端接，接下来的测试结果全部通过，NEXT 测试结果也得到明显改善，从 -1.1 dB 提高到 7.0 dB，如图 9-12 所示。

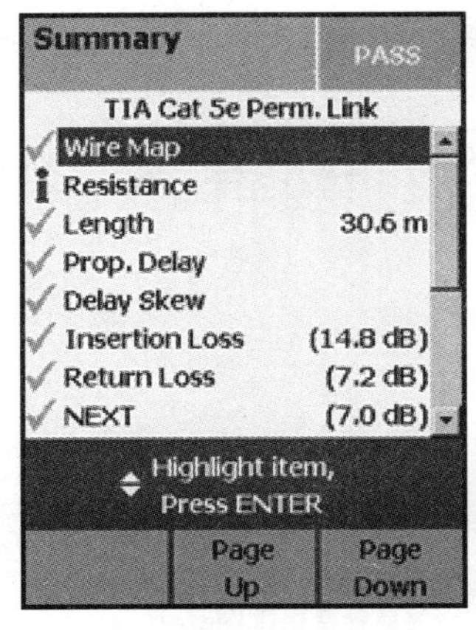

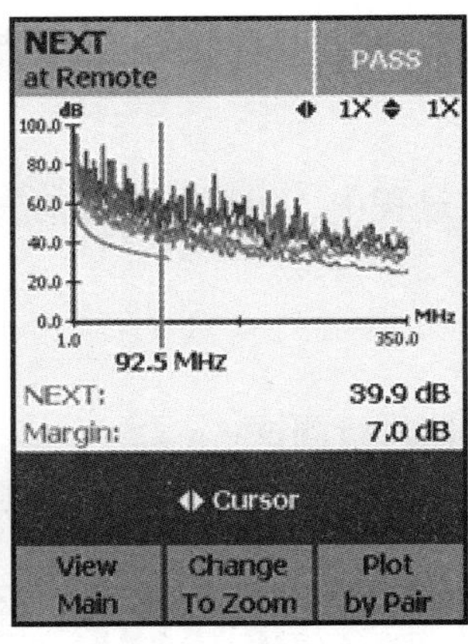

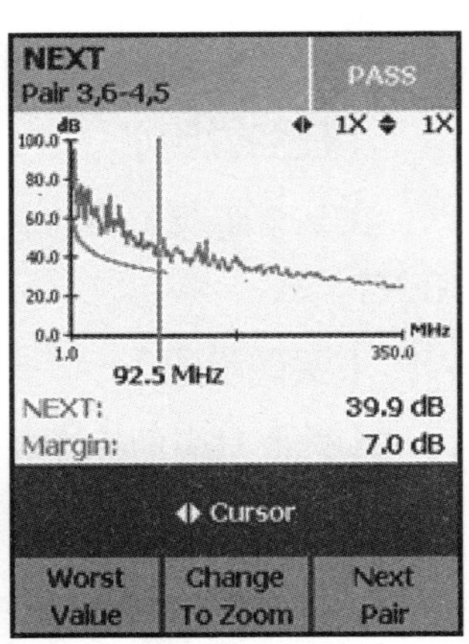

图 9-12　NEXT 参数改善

【小贴士】

器件间的匹配：一条链路通常是由线缆和两端的连接器组成的，有些时候线缆和连接器采购于不同的厂家，而各个厂家在做开发时通常只针对自己所生产的不同材料做兼容性测试，这样就导致不同品牌的器件无法做到很好的匹配，最终影响到测试的结果。在超 5 类系统中，这种影响还不是很明显，而到了 6 类系统，由于频率的提高，这种影响就变得非常突出了。

本例中是配线架的问题导致近端串扰故障，而不是安装者的施工问题。由于各个制造商在研发过程中相对独立，使得不同品牌的产品搭配在一起时会出现很大问题，所以我们在设计或者安装布线系统工程时，尽量选用同一个品牌甚至是同一个批次的产品，或者要搭建仿真的链路实验后再进行最后的施工。

小　　结

本项目主要通过一些故障案例的分析、确认过程，介绍了在综合布线系统工程中常见的几种故障类型，包括测试仪本身的精度问题、线缆的质量好坏、两端连接的处理等。针对不同的故障讲述了分析问题并修复问题的方法。从几个典型的故障中可看出，工程中最容易出现异常的参数是 NEXT 和 RL，所以在布设线缆及排查故障时应给予重点关注。

实　训

一、通过模拟的故障箱熟悉常见的故障类型，并用仪器自带的分析功能进行故障排查

1. 各种接线图故障。

2. NEXT 故障，用 HDTDX 进行故障排查。

3. RL 故障，用 HDTDR 进行故障排查。

二、思考和练习

1. 简述常见的故障类型。

2. 熟悉与各个故障对应的排查方法。

参 考 文 献

[1] 段标，李忠，殷存举. 网络综合布线技术 [M]. 北京：高等教育出版社，2010.

[2] 王公儒. 网络综合布线工程技术实训教程 [M]. 北京：机械工业出版社，2011.

[3] 温晞. 网络综合布线技术 [M]. 北京：电子工业出版社，2010.

[4] 余明辉，陈兵，何益新. 综合布线技术与工程 [M]. 北京：高等教育出版社，2008.

[5] 钟镭，王培胜，王霞. 网络布线施工 [M]. 北京：人民邮电出版社，2008.